入社5年目までに身につけたい

建設エンジニアの[仕事術]

金子研一

森北出版株式会社

●本書の補足情報・正誤表を公開する場合があります．当社 Web サイト（下記）
で本書を検索し，書籍ページをご確認ください．
https://www.morikita.co.jp/

●本書の内容に関するご質問は下記のメールアドレスまでお願いします．なお，
電話でのご質問には応じかねますので，あらかじめご了承ください．
editor@morikita.co.jp

●本書により得られた情報の使用から生じるいかなる損害についても，当社およ
び本書の著者は責任を負わないものとします．

JCOPY 〈(一社)出版者著作権管理機構 委託出版物〉
本書の無断複製は，著作権法上での例外を除き禁じられています．複製される
場合は，そのつど事前に上記機構（電話 03-5244-5088, FAX 03-5244-5089,
e-mail: info@jcopy.or.jp）の許諾を得てください．

まえがき

　建設業界への就職を考えている学生のみなさん，またすでに現場で働いている若手エンジニアのみなさん，本書で「建設経営」を勉強してみませんか．
　ところで，「建設経営」とは何でしょうか．簡単にいうと，エンジニア一人ひとりが経営的視点をもって建設業務をとり行うことです．それでは，なぜエンジニアに経営的視点が必要なのでしょうか．現代の仕事は，非常に広範かつ複雑であり，スピーディに進める必要があるため，各エンジニアに的確な判断が求められます．的確な判断をするためには，実際に自分が行う「仕事（業務）」だけでなく，会社全体の「仕事（経営）」を理解しておかなければなりません．「建設経営」を学ぶということは，「仕事」を学ぶことといえるでしょう．
　私は，長年企業で実務に携わってきました．そして現在は，その経験をいかして福島工業高等専門学校と日本大学工学部で「建設経営」を教えています．学校で通常学ぶ理論的な学問ももちろん大事ですが，学校では教えてくれない「仕事（建設経営）」を学ぶことも同じくらい大事なことです．
　これまで教科書として社団法人技術士会の発行している「技術士制度における総合技術監理部門の技術体系」（通称「青本」）を使っていました．青本は実務に即していて，これはこれで価値があるのですが，教育を念頭に書かれたものではないので，図も最低限で，説明も端的であり，実務経験の少ない，もしくは未経験の若い人たちには少々難解であったように感じました．
　本書では，文章だけではわかりにくいところは図を使いながら説明し，文章自体もできるだけていねいにかみ砕いて，はじめて学ぶ人でも理解できるよう配慮しました．各節ごとに解説に入る前には，実際の現場で交わされるだろう上司との会話を入れてありますので，実務の雰囲気を味わいながら学べると思います．土木学会認定技術者資格や技術士（総合監理部門）などの資格試験対策としても活用できるでしょう．
　また本書では，新入社員，入社3年目，入社5年目と若手エンジニアの成長に合わせて扱う内容を整理してありますので，読者のみなさんも本書を読むことで一緒に成長できるのではないかと思います．
　まずは，本書を読み，実際の「仕事」を肌で感じてください．
　2009年1月

　　　　　　　　　　　　　　　　　　　　　　　　　　　　　著　者

もくじ

建設経営 ……………………………………………………………… 1
1 本書の構成 1　　**2** 基本用語 3　　**3** 建設経営の概要 6

第1部　新人N君の仕事術 ……………………………………… 13

第1講　工程管理
1.1 工程管理とは　14　　**1.2** 工　程　表　15　　**1.3** 工程表の作成　17　　**1.4** 工程表と進捗管理　20　　**1.5** 工程の調整　24　　**1.6** 時間の短縮　26　　第1講のまとめ　28

第2講　品質管理
2.1 品質管理とは　29　　**2.2** 検　　査　30　　**2.3** 品質マネジメントシステム　32　　**2.4** QC活動とは　33　　**2.5** 管　理　図　40　　第2講のまとめ　45

第3講　労働安全衛生管理
3.1 建設業と事故　46　　**3.2** 労働災害と災害統計　47　　**3.3** 安全衛生管理のための作業所の組織　49　　**3.4** 労務・安全衛生などに関する管理書類　51　　**3.5** 事故の原因　52　　**3.6** 日常的な安全衛生活動　53　　**3.7** 法の遵守　55　　**3.8** 設備からの災害防止　57　　**3.9** 労働安全衛生マネジメントシステム　58　　**3.10** 機械設計原則　59　　第3講のまとめ　60

第4講　ISO
4.1 ISOとは　61　　**4.2** ISO取得のメリット　62　　**4.3** ISO9001の要求事項　64　　**4.4** TQMとの違い　68　　**4.5** ISO14001と建設工事　68　　**4.6** ISO14001の要求事項　70　　第4講のまとめ　73

第2部　3年目A君の仕事術 …………………………………… 75

第5講　施工計画
5.1 施工計画とは **76**　5.2 施工計画書作成のポイント1：事前調査 **78**　5.3 施工計画書作成のポイント2：基本方針と比較表 **79**　5.4 施工計画書作成のポイント3：工程表 **81**　5.5 施工計画書の内容 **82**　5.6 施工方法 **83**　5.7 ISO対策 **85**　5.8 安全管理 **89**　第5講のまとめ **91**

第6講　原価管理1
6.1 原価のしくみ **92**　6.2 固定費と変動費 **94**　6.3 予算書 **95**　6.4 工事費の積算 **96**　6.5 請負工事費の構成 **98**　6.6 ユニットプライス型積算方式 **100**　6.7 見積書の作成 **100**　6.8 決　裁 **102**　第6講のまとめ **103**

第7講　原価管理2
7.1 原価管理とは **104**　7.2 標準原価計算 **105**　7.3 実際原価計算 **107**　7.4 原価管理の留意点 **109**　7.5 直接原価計算 **109**　7.6 損益分岐点 **111**　7.7 その他の利益 **114**　第7講のまとめ **115**

第8講　リスク管理
8.1 リスクの定義 **116**　8.2 リスク管理と危機管理の違い **117**　8.3 リスクマネジメント **118**　8.4 リスク解析 **119**　8.5 リスク評価 **120**　8.6 リスク対策 **122**　8.7 危機管理 **123**　8.8 自然災害 **125**　8.9 国内工事のリスク **126**　8.10 海外工事のリスク **127**　第8講のまとめ **128**

第9講　環境と経営
9.1 環境経営とは **129**　9.2 環境報告書 **130**　9.3 環境会計 **133**　9.4 グリーン調達とグリーン購入 **135**　9.5 環境アセスメント **137**　9.6 廃棄物の分類 **138**　9.7 産業廃棄物の処理 **139**　9.8 建設リサイクル法 **141**　第9講のまとめ **142**

第3部　5年目B君の仕事術 143

第10講　人的資源管理
10.1 人的資源とは **144**　**10.2** 働く目的 **145**　**10.3** 人事評価 **145**　**10.4** 人材の教育 **147**　**10.5** 業務経験と資格 **149**　**10.6** 組織 **151**　**10.7** リーダーシップ **153**　**10.8** 労働三法 **155**　第10講のまとめ **156**

第11講　情報管理
11.1 情報技術とは **157**　**11.2** ITの利用1：情報化施工 **158**　**11.3** ITの利用2：地図情報 **159**　**11.4** ITの利用3：建設CALS/EC **159**　**11.5** ITの利用4：電子入札 **161**　**11.6** 情報の活用1：データベース **162**　**11.7** 情報の活用2：情報分析 **163**　**11.8** 情報の活用3：情報の信頼性 **165**　**11.9** 緊急時の情報のあり方 **166**　**11.10** 緊急時の広報 **167**　**11.11** 情報を守る：特許 **168**　第11講のまとめ **170**

第12講　入札制度とVE提案
12.1 入札制度 **171**　**12.2** 経営事項審査 **173**　**12.3** 工事入札参加資格審査 **174**　**12.4** 請負契約 **175**　**12.5** 新しい入札方式 **176**　**12.6** VEの定義 **178**　**12.7** VE提案 **179**　第12講のまとめ **185**

第13講　技術経営（MOT）と公共工事品確法
13.1 MOT **186**　**13.2** 技術開発 **187**　**13.3** 工法協会と建設技術審査証明 **188**　**13.4** 品確法と入札 **190**　**13.5** 評価の方法 **192**　**13.6** コストを下げる **195**　**13.7** PFI事業 **196**　第13講のまとめ **197**

あとがき 198
さくいん 199

建設経営

「建設経営」という言葉を聞いたことがありますか？「経営」とつくのだから，経営者がすることだと思うかもしれません．でも，それは間違いです．「建設経営」とは，簡単にいえば，発注者から請け負った工事を完成する行為です．つまり，入札にはじまり施工管理，原価管理，安全管理などすべての業務が「建設経営」なのです．このため，「建設経営」は一握りの経営者だけで行うことはできず，工事を入手する営業と技術，利益を上げる現場など，組織をあげての行為なのです．

以前は，建設エンジニアは契約期間内に，無事故で，図面どおりのものを完成させることが仕事でした．しかし，現在は，工事の入札から引き渡しまでの各段階で，地球環境への配慮を含め，発注者を満足させる技術を提案できるか，自然災害や近隣住民への影響を与えるリスクを予知して対策を立て，何ごともなく工事を進められるか，品質を確保しながら利益を上げるために予算や時間をいかにやりくりして工事を完成させるかなど，建設エンジニアには経営的視点で業務を遂行することが求められています．

1 本書の構成

本書は，図1のように，三部構成になっています．

第1部は，新入社員のN君を主人公に，若手エンジニアが担当する現場の業務を中心に説明します．若手エンジニアは，まず現場で決められた期間の中で良いものを造ること，そして事故を起こさないことを目標に，現場監督などを任されます．ここでは，まず経済性管理として工程管理と品質管理を，さらに安全管理，ISOについて学びます．

> **経済性管理**：施工計画に基づき品質管理，工程管理，原価管理，設備管理などを目標のレベルに維持すること．

第2部は，3年目のA君が主人公です．3年目ともなると，現場監督業務はベテランとなり，施工計画や予算を立て，そのシナリオどおりに現場を動かす醍醐味を味

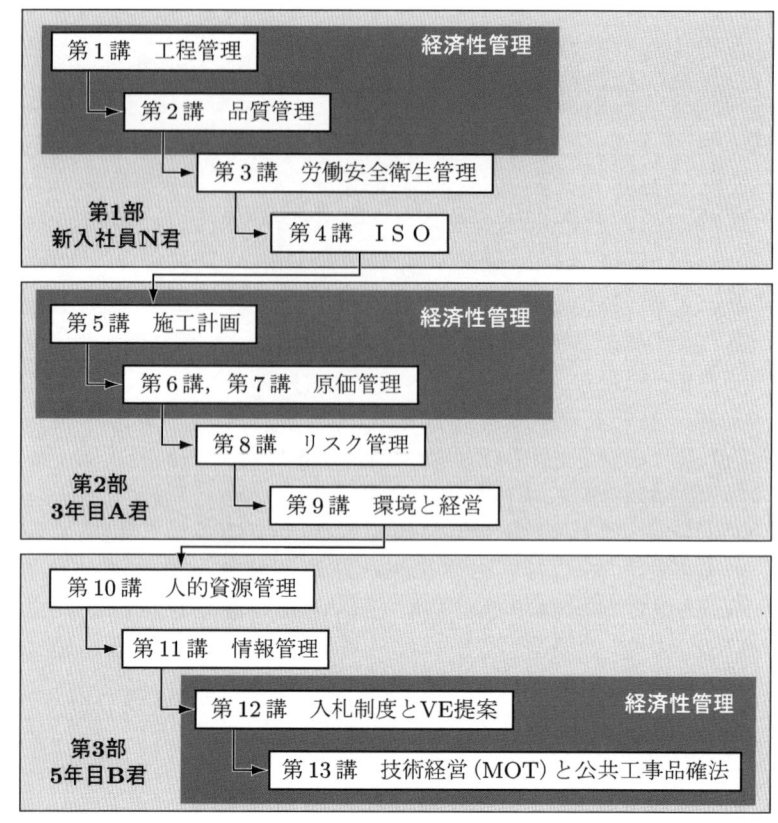

図1　本書の構成

わう立場となります．ここでは，経済性管理として施工計画と原価管理を学びます．つづいて，安全管理の考え方を身につけてもらうために，リスク管理について説明します．また，環境経営をとおして，いま社会が建設エンジニアに何を求めているのかについても紹介します．

第3部は，本社組織で働く，5年目のB君が主人公です．近年，工事を受注するためのしくみが大きく変わり，技術提案力のある会社が生き残る時代になっています．ここでは，人的資源管理，情報管理，入札制度とVE提案そして技術経営を学び，経営にとって技術力がいかに重要かを説明します．

次節以降は，まず建設業を営むための基本用語と建設経営の簡単な概要を新入社員のN君と一緒に学びましょう．

2 基本用語

建設業の許可

現場作業所の入り口に貼ってある建設業の許可票（図2）に「特定建設業」と書いてあります．それを見てN君は悩んでしまいました．

N君：特定の業種を扱っている専門業者ではなく，幅広く業務を執り行っているゼネコンが「特定建設業」というのはおかしくないですか？

所長：特定建設業というのは，表1にある条件を満たしている事業者のことをいうんだ．うちの会社は，土木工事業に登録していて，下請と4000万円以上の工事契約を結んでいるから，特定建設業ということになる．

建設業の許可票	
商号又は名称	森北建設株式会社
代表者の氏名	代表取締役社長　森北太郎
監理技術者の氏名	選任の有無　専任／資格名 資格者証交付番号　金子研一　一級土木施工管理技士　第0000000号
一般建設業又は特定建設業の別	特　定　建　設　業
許可を受けた建設業	土　木　工　事　業
許　可　番　号	国土交通大臣許可（特-00）第000号
許可年月日	平成 00 年 00 月 00 日

図2　建設業の許可票

まず普段よく使う名称を確認しましょう．

建設工事の注文者を「発注者」といい，発注者から直接仕事を請け負う会社を「元請会社」といいます．さらに，この建設工事の全部または一部を他の建設業者に発注する契約を「下請契約」といい，下請契約を請け負う会社を「下請会社」といいます．元請会社，下請会社で，建設業の許可も異なります．

建設業の許可は，**表1**のように，特定建設業と一般建設業の二つに分けられます．ただし，「一般建設業の許可」を受けた者が同一業種の「特定建設業の許可」を受けたときは，一般建設業の許可は効力を失います．

それらは，**表2**のように，さらに国土交通大臣許可と知事許可に区分されます．建設業の許可は営業所のある区域により，二つ以上の都道府県にまたがって営業所を設ける場合には大臣許可を，一つの都道府県に営業所を設ける場合には知事許可を受けなければなりません．

建設業法では，**表3**のように，建設工事は一式工事業と専門工事業に分けられていて，一式工事には2業種，専門工事業には27業種が含まれます．これら29業種のうち，とくに土木工事一式，建築工事一式，電気工事業，管工事業，鋼構造物工事業，舗装工事業，造園工事業の7業種は指定建設業に指定

表1　特定建設業と一般建設業の許可区分

区分	条件	備考
特定建設業	元請として工事1件につき，下請代金の総額が土木一式工事の場合4000万円以上（建築一式工事の場合6000万円以上）となる下請契約を締結して施工する場合	・下請工事が2件以上ある場合は，下請工事代金の合計額で判断する
一般建設業	上記以外	・元請した工事をすべて自社で施工する場合 ・下請工事だけを請け負って施工する場合

表2　大臣許可と知事許可の違い

許可名称	内容
国土交通大臣許可	二つ以上の都道府県にまたがって営業所を設ける場合
都道府県知事許可	一つの都道府県に営業所を設ける場合

表3　建設業法による許可の業種

建設工事	一式工事業	土木一式工事，建築一式工事
	専門工事業	大工，左官，とび・土工・コンクリート，石工，屋根，電気，管，タイル・レンガ・ブロック，鋼構造物，鉄筋，舗装，しゅんせつ，板金，ガラス，塗装，防水，内装仕上げ，機械器具設置，熱絶縁，電気通信，造園，さく井，建具，水道施設，消防施設，清掃施設，解体の工事業

されていて，特定建設業の許可を受ける場合，専任の技術者が一定の国家資格をもっていなければなりません．

基本　許可の要件

建設業の許可を受けるためには，下記の五つの要件を備えていなければなりません．
❶ 経営業務の管理責任者としての経験がある者がいること
❷ 営業所ごとに専任の技術者がいること
❸ 請負契約に関して誠実性のあること
❹ 財産的基礎または金銭的信用があること

❺ 一定の欠格要件に該当しないこと

施工技術の確保
N君：Bさんは，監理技術者資格者証の交付を受けているんですか？
B君：そうだよ．一級土木施工管理技士や一級管工事施工管理技士，一級造園施工管理技士などに合格すれば申請できるんだよ．ただ，講習会を受けないと監理技術者にはなれないよ．施工技術がちゃんとわかっている技術者を現場に配置してくださいというしくみなんだ．

(1) 主任技術者

建設業の許可を受けた者が建設工事を請け負った場合，その工事の請負金額，元請・下請の別にかかわらず，工事現場に主任技術者をおかなくてはなりません．主任技術者は，建設工事の施工にあたり，施工計画（第5講）を作成し，工程管理（第1講），品質管理（第2講），安全管理（第3講），労務管理（第10講）を行います．

(2) 監理技術者

発注者から直接工事を請け負い，そのうち4000万円（建築一式工事の場合6000万円）以上の下請契約をして工事を施工する場合に，主任技術者に替えて，監理技術者をおきます．監理技術者には主任技術者の職務に加え，下請人の指導・監督，複雑な工程管理など総合的な機能が求められます．

(3) 現場への専任

公共性のある工作物に関する重要な工事については，現場に配置される主任技術者または監理技術者が，その工事現場ごとに専任しなければなりません．つまり，他の現場を掛け持ちしてはいけないということです．また，現場専任が義務づけられる「公共性のある工作物に関する重要な工事」とは，工事1件の請負金額が3500万円（建築一式工事の場合7000万円）以上のもので，国または地方公共団体が発注する工事，および鉄道，道路，電力，ガス会社などが発注する施設に関する工事のことです．ただし，令和2年の建設業法の改正により，現場に特例監理技術者を配置することで，監理技術者の兼務が認められることになりました．

専任の監理技術者は、監理技術者資格者証の交付を受けた者でなければならず、工事現場ではつねに資格者証を携帯し、発注者から請求があったときは、資格者証を提示しなければなりません.

> **例** A社は発注者から公共性のある工事を元請として受注し、下請契約の合計額が4000万円を超えるため、専任の監理技術者をおいています（図3）. B, C, E, F 各社は下請業者で、3500万円以上の工事を請け負っているので、専任の主任技術者をおかなければなりません. C, D, F 各社は建設業許可を受けているので主任技術者をおかなくてはなりませんが、請負金が3500万円に満たないため、専任である必要はありません. G社は建設業の許可を受けていないので、主任技術者そのものが不要です.
>
> ```
>                    発注者
>                      │
>              A社（許可あり）
>          b＋c＋d ≧ 4000万円：監理技術者
>         ┌───────────┼───────────┐
>    B社（許可あり）  C社（許可あり）  D社（許可あり）
>    請負金 b円      請負金 c円      請負金 d(1000万)円
>    専任の主任技術者  主任技術者      主任技術者
>
>    E社（許可あり）  F社（許可あり）  G社（許可なし）
>    請負金 4000万円  請負金 2500万円  軽微な工事
>    専任の主任技術者  主任技術者      不要
> ```
>
> **図3 技術者の配置例**

(4) 雇用関係

主任技術者および監理技術者は、所属する建設業者と直接的かつ恒常的な雇用関係にある必要があります. 海外では、プロジェクトごとに雇われる職員がいますが、日本では正社員でなくてはなりません.

3 建設経営の概要

建設経営とは

新人のN君は研修も終わり、いよいよ現場に配属され、工事係としての仕事が始まります. しかし、まだまだわからないことだらけです.

N君：技術者も経営的視点が必要だといわれますが，いまいちピンときません．社長などのことを，経営者というくらいですから，技術者と経営者は別ではないんですか？

所長：そうではない．経営とはもともと仏教の用語で，**ものごとを進めるにあたり，方針を定め，組織を作り，業務を分担して目的を達成する**ということだ．

われわれのような建設会社で請け負った工事を完成するという行為も経営の一部だ．われわれ現場の技術者は，建設現場で良いものを効率よく，安全に仕上げることで，利益を生み出し，発注者の信用を得て次の仕事につなげていく．営業，設計，研究所など他の部署でも同じように努力し，それぞれが利益を生み出していく．つまり，社員一人ひとりが経営をしている．だから，みなが経営について考え，経営者の感覚で仕事をする必要があるというわけだ．

N君：一人ひとりが経営者なんですね．

所長：そうだ．建設会社の利益は，建設現場が生み出しているといっても言い過ぎではないからね．

　建設会社の場合，営業，設計，積算，資機材の調達，建設現場，研究開発といった活動と，これらを支える人事，経理，財務，法務などの機能から構成されています．そして，それぞれの立場で利益を上げるための活動を行っています．経営の役割は，これらの活動の流れを一定の方向に導きながら，企業価値を高めていくことです．さらに，**経営は人，もの，金，情報という四つの経営資源をうまく使って，利益を上げていくことです．**

　道路，トンネル，橋，港湾施設などインフラを整備する事業やビルや工場など民間の設備投資を建設事業といいます．建設事業のうち公共工事において発注者がする行為は，利潤を追求するわけではないので経営とはいいません．これに対し，設備投資を行う企業や請負業者である建設業者の行為は，利潤を追求するので経営です．

経営方針を定める

N君：社員全員が経営的視点に立つといっても，ばらばらに考え，行動していたらだめだと思います．そのため，会社全体の共通認識のようなものが必要ではありませんか？

所長：そのとおり．経営理念というのがあるが，それが全体の共通認識にあたる．ちなみにわが社の経営理念を覚えているかい？

N君：「顧客を第一に考え，社員にとって夢のある会社であり続け，社会の繁栄に貢献する」です．

所長：よく覚えていたね．

N君：経営理念には，利益を上げようとは書かれていないんですね．

所長：経営とひとことにいっても，できるだけたくさんのお金を稼げばいいというわけではなく，社会貢献という重要な役割もある．そのために，時代ごとの法律や社会情勢によって，経営のあり方も影響を受ける．21世紀に入ってからは，より一層，環境問題が重視されていて，これを反映して，最近では環境に配慮した経営が求められている．

　会社の経営では，経営者が基本的信条を確立し，この信念に基づいて組織を統一し，事業を遂行することが重要です．このコンセプト，すなわち「会社が求める望ましさ」が経営理念です．現在では，経営理念はトップダウンで決定され，それに基づく行動指針を従業員が決定することが多いようです．

　企業にはそれぞれ組織内で共有されている価値観というものがあります．明文化されていなくても，優れた組織文化は無形の競争力を生み出します．しかし，経営理念を明文化することで，その経営哲学はトップから従業員まで日常の指針となります．また，従業員全体の士気や倫理観が高くなることで，企業の利益に結びつけることができます．

> **Column**　建設業における代表的な会社の経営理念をみてみましょう．
> 「全社一体となって，科学的合理主義と人道主義に基づく創造的な進歩と発展を図り，社業の発展を通じて社会に貢献する（鹿島）」
> 「人がいきいきとする環境を創造する（大成建設）」
> 「地球社会への貢献，人間尊重，革新志向，顧客第一，情熱（清水建設）」
> 　これらに共通していることは，従業員が意欲をもって働ける環境を作り出し，人と環境を調和させながら本業（建設業）を通して社会貢献してい

くということです．みなさんの会社の経営理念も見返してみましょう．もし，ないという場合はどういった経営理念が良いか考えてみましょう．

さて，それでは21世紀に求められる経営的視点とは何でしょう．軸として，地球環境問題，コンプライアンスが挙げられます．

1990年代の日本は経済が停滞しましたが，地球環境問題に直面し，その対応では前進したといわれています．従来の環境問題は公害を防止すればよいといったレベルでしたが，昨今の環境問題は地球規模でとらえる必要があります．建設事業においても騒音，振動，水質汚染，大気汚染といった従来型の公害だけでなく，ゴミの廃棄，地球の温暖化，オゾン層の破壊，酸性雨による森林の破壊，砂漠化といった環境問題まで配慮しなければなりません．このように**建設経営においても「労働生産性の向上」重視から「地球環境への配慮」が重要なテーマ**となっているのです．

地球環境への配慮としては，リサイクルの促進，グリーン購入などが挙げられます．これらが環境にとってメリットがあることは容易に理解できると思いますが，さらに，この活動を会社の利益にどのように貢献させるかを考え，工夫しなければなりません．そもそも会社は，慈善事業ではないので，会社を存続させるためには利益を上げなければなりません．

大手の建設業者は，これらの地球環境に対する活動を「環境報告書」として発行し，説明の義務・報告を行っています．これは，社会的イメージを向上させ，利益につなげる行為と考えることもできるでしょう．これが環境経営です．

最近では，従来から行われている株主や債権者に対しての財務的な報告（アカウンタビリティ）だけでなく，環境にかかわる事項を社会に報告する環境アカウンタビリティという考え方が一般化しています．

> アカウンタビリティ：行政や企業の負う説明責任のこと．狭義には会計責任とも訳し，経営者が株主などに対し，会計報告をする義務のこと．

組織を作り業務を分担する

N君：どこの現場も10人くらいで仕事をしているんですね．
所長：建設現場の規模によって異なるが，このくらいのものが多いね．会社の

　　　　組織には，われわれのように直接お金を稼ぐライン以外に，設計部や研究所のように現場を支援してくれるスタッフがいる．何かあったときにこのようなスタッフがいると心強い．
N君：私は設計計算が得意なので，そちらで頑張りたいです．
所長：それは頼もしい．ただ，これだけの人数なので設計係としておくことはできない．それに，あまり仕事を細分化すると仕事の全体像が見えなくなるから，工事係として活躍してもらうよ．
N君：不安はありますが，頑張ります．
所長：会社の中では新入社員なんだから，わからないことはどんどん先輩に聞いて覚えるように．ただ，下請に対しては職員の一人として毅然とした態度を示してほしい．数カ月も経てば一人前の戦力になれるよ．

　会社の組織は，全員で一つの仕事をしているわけではありません．建設現場に限らず5〜6人，多くても10人程度のグループで仕事をしているものです．工事にかかわる日常的な業務については，現場作業所に権限が委譲され，作業所長の命令に従って工事を完成させます．
　作業所の集合が支店です．大手の建設会社の場合，北海道から九州まで，地方ごとに支店を設けています．入札の際，工事の地域内に本店，あるいは営業所があるかといった地理的条件や，ボランティア活動，災害協定などの地域への貢献度が評価されるからです．また発注者は，災害発生時に協力をえることができること，完成後の維持管理において，何か支障が出てきた場合に素早い対応ができることを求めるためです．
　中小の建設業者は，地域の雇用創出という役割をもっているため，発注者は大手に対しハンデをつけざるを得ません．ただし，高度な技術力を必要とする工事は，大手に頼らざるを得ないこともあります．
　複数の建設業者が，一つの建設工事を受注，施工することを目的として形成する事業組織体のことをJoint Venture（JV：共同企業体）といいます．目的により特定JVと経常JVに分けられます．特定JVは建前として，大規模かつ技術難度の高い工事の施工に，数社の技術力などを結集して完成させるための組織ですが，実際には大手が独占せずに受注機会を均等にしようという目的と地元業者の技術力向上を狙っています．
　入札時の評価項目に，企業の技術力として同種工事の施工実績というのがあり，この施工実績を確保するためにも，JVは有効なしくみといえます．一般

的に土木工事では，3，4社でJVを結成することが多いようですが，高層ビルなどの建築工事では10社近い企業で結成することもあります．会計上は，JVを一つの別な会社として処理します．

> 目的を達成する

N君：会社の目的は利益を最大化することだと思いますが，とくに気をつけておかなければならないことはありますか？
所長：まずは原価管理だ．
N君：原価管理ですか？？？
所長：大丈夫．これから職場できちんと教えていくから．
　　　それに，当初の計画にとらわれずに，工程計画や施工方法を変えるなど，どんどんいろいろなことを考えてみてほしい．提案することによって大きなコストダウンが図れると，利益を発注者と半分ずつに分けるVE提案というしくみもあるからね．
N君：鉄筋の数量をごまかしたり，品質の悪い安い材料を使ったりすることも許されますか？
所長：そんなことをやっている業者なんか，いまどきいないぞ……とは言い切れないか．とにかく品質管理は君たちの大事な役割だ．ここをおろそかにすると社会からたたかれ，仕事がもらえなくなる．それと事故を起こさないこと．これらが次の仕事につながっていき，その結果として，利益も生まれてくる．

> VE (Value Engineering)：価値工学と訳される．サービスの機能に着目し，価値を向上させる手法．

　環境報告書に社会的要素を加えて「CSR報告書」として報告する会社が多くなりました．CSR（9.2節(1)参照）は企業の社会的責任と訳されていますが，広範な概念であり，法的拘束力はありません．ところが，近年，発注者が業者を選定する際に，CSRの要素を評価するようになってきています．このため，企業は自然とCSRに注力する傾向があります．

　談合，耐震偽装など建設業を取り巻く不祥事が多発し，社会は企業に対して，再発防止のためにコンプライアンスに取り組むことを要請しています．コンプライアンスとは「法令遵守」と訳されることが多いですが，法令だけでなく企業倫理も対象とします．企業において，組織全体がルールに適合した健全な経

営をすることを，コンプライアンス経営といいます．

企業の不祥事そのものは昔からありました．それが表に出なかったのは，社会が大目に見ていたり，企業が隠し通していたりしたからにすぎません．コンプライアンスを怠ったために不祥事が起こり，経済的損失が大きくなるのなら，コンプライアンスを重視するのが合理的です．目先の利益より長期的な利益を重視していくほうが，企業にとって良いことはいうまでもありません．

このように，環境経営やコンプライアンス経営という形をとりながら，経営の主眼が顧客に移ってきていることがわかります．そのため，経営に携わる社員一人ひとりもこのことを認識する必要があります．

経営についてなんとなく理解できましたか？　この段階ではなんとなく掴めていれば大丈夫です．第1部からは，実際に，会社に入った皆さんがどのように建設経営を身につけていくかを段階に合わせて，説明していきますので，順にしっかり理解していってください．

> **課題**　さっそくあなたの作業所の建設業許可票をのぞいてみてください．わからない用語があれば，調べておきましょう．

まとめ

1. 経営とは，ものごとを進めるにあたり，方針を定め，組織を作り，業務を分担して目的を達成することである．
2. 企業の経営は，人，もの，金，情報という四つの経営資源をうまく使って，利益を上げるだけでなく，環境や社会の変化を理解し，時代にあった舵取りが必要である．

経営は経営者とよばれる人たちだけが行う仕事ではありません．どの部署にいても，経営の一翼を担っているのです．一人ひとりが経営者の感覚で仕事をすれば，会社はますます利益を上げるようになります．

第1部

新人N君の仕事術

　新入社員が現場に配属されると，現場監督業務を任されます．朝一番で現場を巡回し，昨日の打ち合わせどおりに仕事が行われているかどうかなどを確認します．行き先のわからない外注のクレーン車や材料を搬入してきた車がいれば，指示します．それが終わると，測量や検査にかかります．図面どおりにものを造るために墨出しや，丁張をかけます．図面どおりにできていることをチェックして，証拠としての写真撮影もします．大いそがしで，事務所に戻る時間もありません．現場監督の仕事の中心は，良いものを造る，事故を起こさせないです．

　N君は，浄水場内のポンプ所築造工事の現場に配属され，毎日が勉強です．第1部では，N君と一緒に，工程管理，品質管理，労働安全衛生管理，ISOについて学んでいきます．

第1講　工程管理
第2講　品質管理
第3講　労働安全衛生管理
第4講　ISO

第1講 工程管理

最低限の社会のルールとして，約束は守らなければなりません．建設業においては，工程を管理し，契約工期を守ることが最低限の約束事になります．契約工期を守るのは簡単なことのようですが，現場では予期できないさまざまな問題が起こるので，つねに工程を確認しておかなければいけません．地味ではありますが，契約工期を守ることで信用をえて，次の契約へと発展します．これも立派な利益を上げるしくみです．

今回は，工程表の種類とその作り方およびその活用術を学びます．工程表は単に作業の流れが書いてあるだけではなく，利益を産むための工夫が組み込まれていることを理解してください．

1.1 工程管理とは

N君は測量を終えて事務所に戻るなり，すぐに明日の打ち合わせ簿の作成に取り掛かっています．今日の作業をもとに明日の作業を書いていたら，所長から質問されました．

所長：工程表は守られているかな？
N君：はい，予定どおりです．○日にコンクリートを打設します．
所長：鉄筋工は足りているのか？　そろそろ圧接工が入っていなくてはいけないのに，まだのようだが．
N君：???　現場で鉄筋工と話をしましたが，圧接の話は出ていませんでした．
所長：工程表は工事のシナリオだからよく理解しておかなければならないし，工程表どおりに進行させることが，監督としてもっとも大事な仕事だ．工程表をつねに気にしておけば，作業が遅れていて何か手立てを考える必要があるのか，すぐにわかる．
工程表をじっくり読むことで，より良い改善策がわかることもある．

工程管理とは，契約した期間内に所要の品質の構造物を完成させることで，このためには生産活動を統制する必要があります．一般的に施工速度を速くす

るほど単位時間当たりの施工量が増大します．しかし，これに伴い原価も高くなるので，適切に工程計画を立てる必要があります．**下請の労働力に合わせて工程を作るのではなく，工程に合わせて労働力を調達し，機械設備を運用するのが基本**です．

　工程表は施工計画を集約したもので，工程管理はこれで行います．全体工程表はプロジェクトのトップが作成し，トップダウンで管理するのが良いとされています．全体工程表に基づいて毎月，月間工程表が作成され，月間工程表に基づいて毎週，週間工程表が作成されます．月間工程会議や週間工程会議では，工程表をもとに，大きなコンクリートの打設など目玉となる作業の工程を中心に打ち合わせを行います．

　N君は月間工程表で工程を把握していましたが，圧接工は鉄筋工として1本の線で表されていました．先輩にとって当たり前の作業が，N君にとっては落とし穴だったようです．検査日，外注作業なども担当者だけが認識しておけばよいことではありません．全員がわかるよう工程表に書き込みましょう．

1.2 工程表

　所長からの指示で，N君は新しく始まる工事の工程表を作成しています．
N君：（工程表にはいくつかあるとは習ったけど，どれを使えばいいんだ？）
所長：悩んでいるようだな．本工事の工程表を参考にしたらいい．
N君：バーチャートとネットワークが組み合わさったものですね（図1.3）．
所長：両者の良い面が出ていて，わかりやすい．いつから始まるか，前後の作業の流れなどがよくわかる．空白に数量やブロック名を記入すると，さらに便利な場合もある．
N君：掘削して支保工を設置し，2段目を掘削してさらに支保工を設置し，掘削，床付けをする作業を，線1本で示すことができるんですね．
所長：すっきりしていてわかりやすい．ただし，掘削機械の動きをきちんと管理しなくてはいけない場合は，細かく作業を追う必要がある．

(1) ネットワーク

　図1.1のような，矢線と丸で表す工程表をネットワークといいます．ネッ

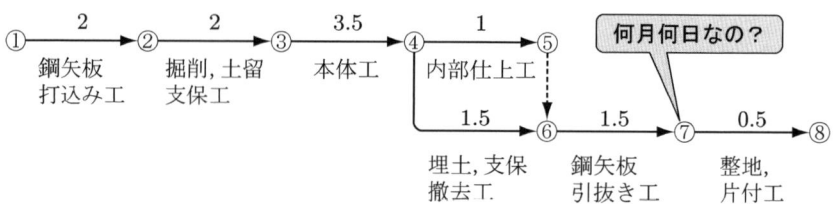

図 1.1　ネットワーク

トワークの長所は，次のとおりです．

❶　作業順序など作業間の関連がわかる

❷　クリティカルパスがどこにあるのか，どこに余裕があるのかが明確である

❸　工種が複雑になってもシンプルでわかりやすい

❹　コンピュータを利用できる

しかし，いつ始まっていつ終わるかなど，施工時期はわかりません．

> **クリティカルパス**：ネットワーク上で，工事の全体工期に影響を与える経路のこと．

基本　ネットワークの書き方

❶　一つの作業をアロー（矢印）で表し，アローは二つのノード（結合点．○印）を結びます．このノードをイベントとよび，作業の開始と終了を表します．一つの作業が完了しないと後続の作業にかかれません．

❷　アローの上下に作業名および所要日数を記入します．

❸　一組のイベント間に複数の作業は存在しません．

❹　実際の作業は存在しないですが，先行作業が完了しないと後続の作業が開始できない場合，ダミー（破線）で表します．

---

(2)　バーチャート

横軸に年月日など時間をとり，作業を横線で表した工程表をバーチャートといいます（**図 1.2**）．バーチャートは，横線式工程表ともいいます．バーチャートの長所は次のとおりです．

❶　見やすくてわかりやすい

❷　工種別の開始時期，完了時期が明確である

しかし，「工期に影響を与えるのはどの作業なのか」，「工種が複雑になると作業間の関連が不明確になる」といった短所があります．

計画工程表
<工事名> 斜面崩壊部対策工事　　　　　　　　　<工期> 自　平成 △ 年 1 月 28 日
　　　　　　　　　　　　　　　　　　　　　　　　　至　平成 △ 年 3 月 31 日

工種	種別	単位	数量	構成比(%)	1月	2月	3月	4月	累計率100(%)	概要
準備仮設工	準備仮設工	式	1.0							
	伐採工	本	12						90	
	モノレール工	m	300.0						80	
吹付枠工	掘削・整形	m³	20.0							
	ラス張り工	m²	500.0						70	
	組立工	t	81.0							
	吹付工	m³	26.0						60	
鉄筋挿入工	足場工	空m²	754						50	
	削孔・注入工	本	84							
	グリーンパネル設置工	本	84						40	
	頭部処理工	本	84						30	
アンカー工	足場工	空m²	378							
	削孔・注入工	本	18						20	
	緊張定着工	本	18						10	
	頭部処理工	本	18							
緑化工	植生基材吹付工	m³	500.0						0	

吹付枠工とアンカー工の関連がわからない

図 1.2　バーチャート

(3) 日程入りネットワーク

　ネットワークの良い点とバーチャートの良い点を組み合わせたものが，図1.3のような日程入りネットワークです．矢印の長さが作業時間になり，作業の順番が明確になります．しかし，「短期間で完了する作業はアローが短くなり，読みづらくなる」といった短所があります．この場合，いくつかの作業をまとめるなど見やすくする工夫が必要です．

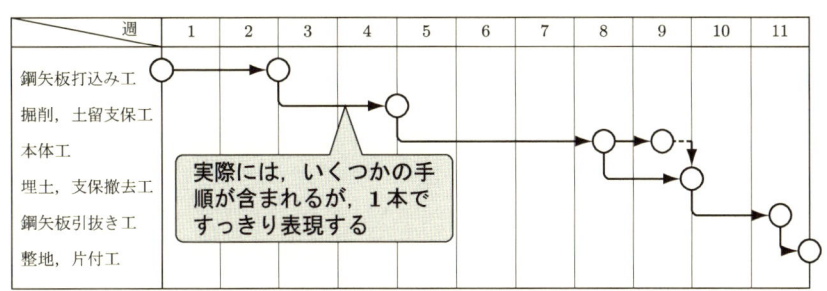

図 1.3　日程入りネットワーク

1.3　工程表の作成

　いざ工程表を書こうとすると，いろいろと考えてしまいます．本当に2週間で鋼矢板が打設できるのか，砂礫(されき)の地盤でも打てるのか，悩みます．
N君：実際の経験で作業日数を決めるんですか？

所長：当然，土質，鋼矢板の長さ，使用する機械と専業者の能力で決まるから，このあたりだと1日何枚打てるか，業者から聞くのも手だね．まずは，発注者の標準的な所要日数を求めるといいよ．

工程表を作成する大まかな手順を説明します．

❶ **工事を構成する工種を明確にして，各工種間の施工順序を決める**　大型工事では，いくつかのブロックに分けて作業することが多いので，ブロックごとの施工順序，施工機械の流れを反映させる必要があります．ブロックとは，右岸・左岸，上り線・下り線の別，広い面積の構造物およびボックスカルバートのように細長い構造物におけるコンクリートの打設割区画のことです．

❷ **各工種の所要日数を決める**　それぞれの工種がかかる日数を求めます．それらすべての工種の日数を合計して，すべての工種が契約工期内に完了することを確認します．

❸ **各工種間の調整をしながら，表に書き込む**　契約工期内に完了することができない場合は，同時に進められる作業はないか，機械を2組にできないかなどを再度検討します．

❹ **制約条件で調整する**　主要な工種が，降雨時期，出水・渇水時期などを避け，実際に施工可能な時期に作業が行われているかを確認します．休日，作業時間，交通規制などの制約条件を加味して作成することが重要です．

❺ **全工期を通じて，労務，資材，機械の必要台数を平準化し，待ち時間や過度の集中が起こらないように調整する**　資材の量や機械の台数を少なくすることで，それらの遊びが少なくなり，効率が良くなりますが，一気に投入したほうがコストの面で割安になる場合もあります．たとえば，掘削工事において掘削機械と土捨て場のブルドーザの作業効率を考えると，ブルドーザの遊び時間を減らすには，掘削機械を増やしたほうが良いことがわかります．

　また，大規模掘削工事など数量の多い工事には，機械を多く投入し早く終わらせ，作業工程が複雑に絡み合う工程には，時間の余裕をとる工夫も必要です．

所要日数を求める手順は次のとおりです．
❶ 工種ごと，ブロックごとに数量を拾う
❷ 作業が繰り返す場合は，サイクルタイムを作成する

❸ 個々の工種に対して所要作業日数を求める

図 1.4 はサイクルタイムの一例です．シールドトンネル工事のように日進量として，1 日当たりの平均掘進量が表されている工事でも，実際は掘進，セグメントの組立て，配管や軌条設備の延伸などが繰り返し行われています．これらの工種を工程表に表すと，工程表が複雑になるため，**一連の作業をサイクルタイムとして別途表現し，工程表には 1 本の線で示すのが一般的です**．

掘削，土留支保工の設置，掘削，2 段目土留支保工の設置，掘削，床付け，砕石敷き均し，均しコンクリートといった作業が繰り返し行われるなら，全体工程では 1 本の線で十分です．ただし，サイクルタイムとして，その根拠を記録します．足場組立てから，鉄筋組立て，型枠組立て，コンクリート打設に至る一連の作業などもサイクルで表せます．

発注者側では契約期間を決定するために，また，予定価格を積算するために，発注前に工程表を作成します．国土交通省土木工事積算基準などのマニュアルを利用すると，標準的な 1 日当たりの施工量が決まります．たとえば，鋼矢板の 1 日当たりの施工量は，**表 1.1** のように示されています．

代表的な工種は網羅されているのですが，新しい機械や新しい施工法はほとんど載っていません．掲載のない機械を使用する場合は，機械メーカーから示される公称能力に基づいて，機械の調整，日常点検，燃料補給など避けられない損失時間を考慮して作業日数を決めることになります．

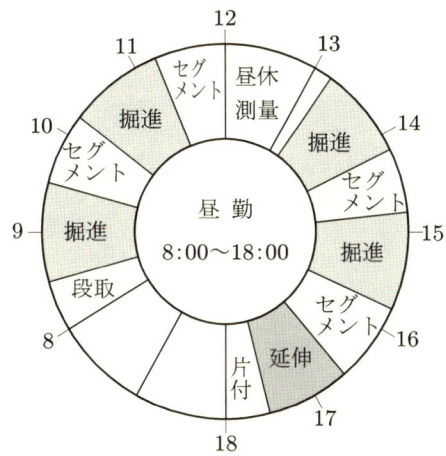

図 1.4　サイクルタイム

表 1.1　鋼矢板の日当たり施工枚数
電動式バイブロハンマによる施工　(枚(本)/日)

打込長(m) ＼ 型式	Ⅱ型	Ⅲ型	Ⅳ型	Ⅴ型	H350
6以下	44	40	35	29	24
8以下	38	33	29	23	19
10以下	33	29	24	19	16
13以下	28	24	21	16	13
16以下		21	17	13	11
20以下			14	11	9
22以下			14	10	8
25以下			12	9	7

　所要日数が決まったら，施行順序に従い工種ごとの作業日数を工程表に書き入れます．全体工程に，盆休み，正月休みなど大型の連休を書き込むことは可能ですが，通常，土日などは書きません．雨季など季節の天候，昼夜間作業などの時間外作業の制限なども同様で，これらは線の長さで表現する（余裕を見込む）ことになります．

> **例**　電動式バイブロハンマで鋼矢板Ⅲ型（打込長 10 m）を 200 m 打設する日数を求めます．
> 　鋼矢板Ⅲ型の幅は 400 mm なので，施工枚数は 500 枚です．表 1.1 より，1 日当たり施行枚数は 29 枚なので，打込工に要する日数は
> 　　500 ÷ 29 = 17.2 日
> これに経験から，クローラクレーンの搬出入，組立・解体，機材の搬出入，鋼矢板の降ろし作業として 2.6 日を加え，
> 　　(17.2 + 2.6) × 1.4 = 28 日
> となります．ここで，作業日数を 1.4 倍（31 日/22 日）したのは，土日など作業日数を考慮するためです．

1.4　工程表と進捗管理

　施工状況を監視する技術パトロールが本社から来ることになりました．N君は工程表を準備するように所長から指示されました．

N君：技術パトロールは具体的にどういったことをするんですか？
所長：目的の一つは，進捗状況を確認することだ．遅れている工種があれば，その原因が労務，資材，事故，天候など何にあるのかを調査し，適切な対策をとるように指導される．工事の進捗状況を確認するんだから，細かい工程より，全体の流れのわかる全体工程表を使ったほうがいい．

(1) バーチャートでの進捗管理

　進捗管理は，工程表に実績の工程を重ねることで行います．**図1.5**は，予定作業のバーチャートの下に，さらにバーチャートで実績を書き込んだものです．横線は開始日と終了日で表されるため，図のチェック日の工程は，遅れているのか進んでいるのか不明です．

　図1.6の白い横棒は，予定の工程表に現在の出来高（進行状況）を％で表したもので，これをガントチャートとよぶこともあります．現時点で本体工に遅れが出ているのがわかります．出来高を折れ線で結び進捗を管理することもあります．

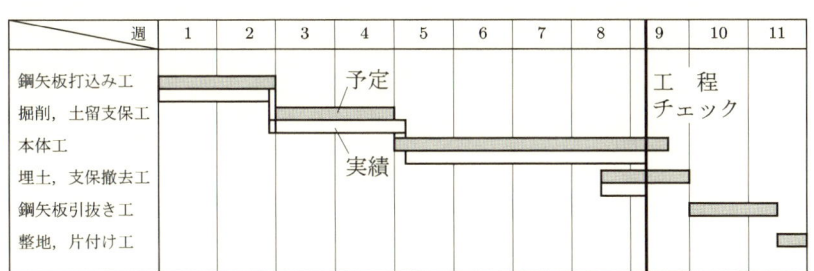

図1.5　バーチャートを実績で管理している例

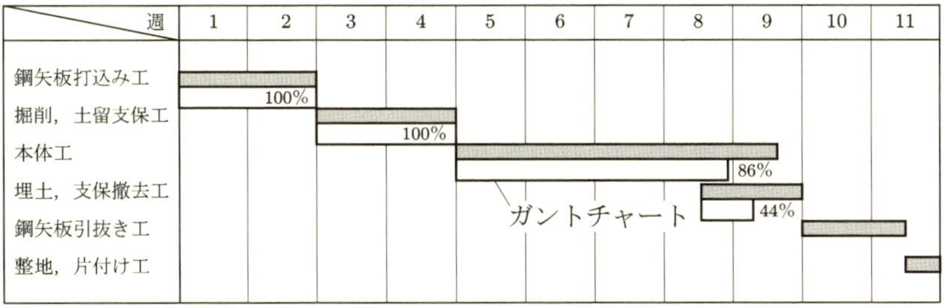

図1.6　バーチャートを出来高で管理している例

(2) 日程入りネットワークでの進捗管理

日程入りネットワーク（図1.3）に，実施工程を書き加えると，複雑になり，検査日の出入りを確認する程度のことしかできません．ただし，バーチャートと比較して日程入りネットワークには以下の特長があります．

❶ ある作業に遅れが生じた場合，全体の工程への影響を把握しやすい
❷ 日程に余裕のある作業とない作業がつかみやすい

(3) 斜線式工程表での進捗管理

トンネル工事のように工事区間が線状に長く，しかも工事の進捗を管理する工種を限定できる場合によく使用されるのが，斜線式工程表です．工事期間が比較的長く，各作業が独立していて，同じような施工速度で進行する工事にも適しています．

斜線式工程表を**図1.7**に示します．横軸に施工区間（坑口からの距離），縦軸に時間をとり，作業の進行状況を斜線で示してあります．ラインが単純なので，実績のラインを重ねるのが容易です．

図1.8は，横軸に施工時間，縦軸に出来高をとった斜線式工程表で，独立した作業の進捗状況を斜線で表しています．計画を実線，実績を破線で表し，傾きを比較すると施工が順調に進行しているのかどうかが明確になります．また，作業の開始と終了日がわかり，さらに出来高のチェックも行えます．

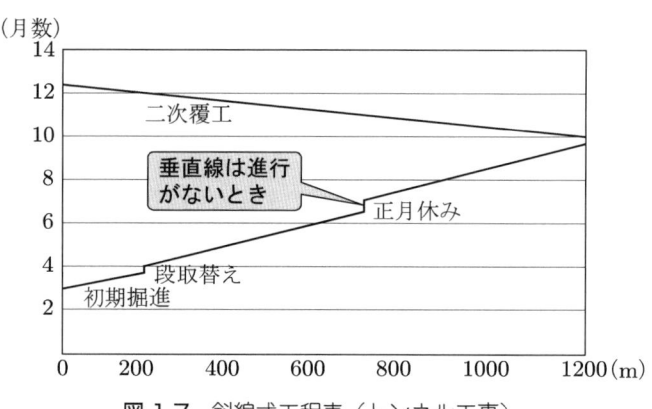

図1.7 斜線式工程表（トンネル工事）

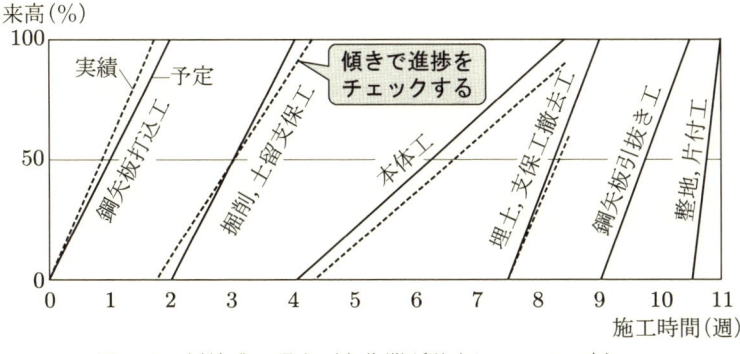

図 1.8　斜線式工程表（各作業が独立している工事）

(4) 曲線式工程表での進捗管理

　曲線式工程表は，出来高累計曲線ともよばれます．図 1.9 のように，横軸に時間，縦軸に工事の進捗率(%)をとります．工事の進捗率は出来高の累計を指標にします．工事の初期においては準備工などが主作業のため勾配はゆるく，また，終盤においては片付け工など出来高の上がらない工種が占めるため勾配はゆるくなります．このため，工程曲線は S 字になります．作業進行をチェックするには都合が良いのですが，作業の手順を明記することはできません．

　図 1.9 では予定の工程曲線を点線で，工事の進捗を実線で表して工程を管理

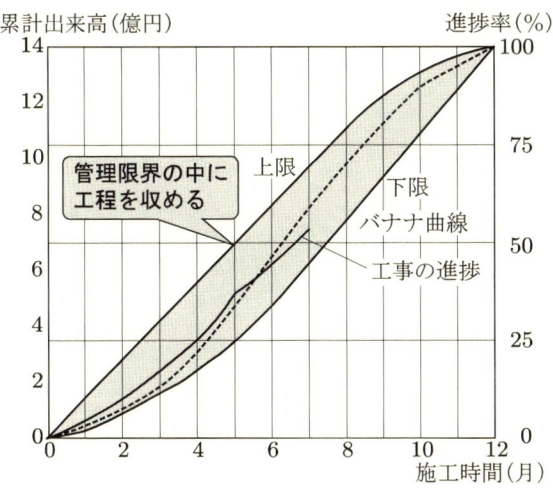

図 1.9　曲線式工程表

しています．あらかじめ，アメリカのカリフォルニア道路局が実績を調査して作成した，バナナ曲線とよばれる工程管理曲線が図示されています．2本のS字は管理の上限，下限を示します．

予定工程曲線が上下の許容限界内にあるときは，一般に予定工程曲線の中期の勾配が，できるだけゆるやかになるように調整します．当然，予定工程曲線が許容限界から外れる場合は，不合理な工程計画と考えられるため，管理限界に収まるように工程を調整します．

実績工程曲線が工程管理曲線の上方許容限界を超えた場合は，工程が進み過ぎているので，工程速度を落とす工夫をします．下方許容限界を下回ったときは突貫工事にならざるを得ません．

1.5 工程の調整

ポンプ所は大きな構造物なので，全体をA～Eの5ブロックに分けています．技術パトロールを控えて，Aブロックの工程が若干遅れています．たいした遅れではないようですが，引き続きBブロック，Cブロックと工事が移るにつれ，影響が出てきそうです．N君は所長から考えを聞かれました．
N君：作業員を増やすほどではないので，残業してもらい遅れを取り戻します．
所長：いきなり答えを出さなくていい．大型の機械に変更して機械の能力を上げるとか，Bブロック用に別の資機材を入れるとか，考えられることをすべて挙げ，そのうえで最善の方法を選択すればいい．

工程が遅れた場合，1日当たりの施工数量を見直し，新しい工程計画に反映させる必要があります．工程の遅れを取り戻す方法として，**❶人員や設備の増加**，**❷就業時間の延長**，**❸施工法の改善**が挙げられます．❶の設備の増加では，機械の台数を増やすことだけでなく，機械の能力を上げることも検討します．これまで$0.3\,\mathrm{m}^3$のバックホウを使用していた場合，$0.6\,\mathrm{m}^3$のバックホウを導入することで1日当たりの施工数量がアップします．❷では残業，さらには突貫工事を行う場合もあります．❸では，工場での製品化が可能か，手作業の機械化施工への切り替え，手順の見直しなどを検討します．

工程の遅れの原因が資材納入の遅れの場合，調達先の変更，調達先を複数にすることなどで対応します．製品の製造が伴う場合には，容易に回復できない

場合もあるので，早めに問題として気がつく必要があります．

(1) 最適工期

施工には，材料費や労務費などの数量に比例する変動費のほかに，数量にかかわらず必要な固定費や経費がかかります．したがって，施工速度を速めて早く終わらせれば，現場管理費など固定的な経費の負担が軽くなり，一般的に安くなります．

しかし，極端に早めると突貫工事の状態になり，原価は急激に高くなります．コストを抑えられるもっとも効率の良い速度を経済速度といいます．図 1.10 は最適工期の考え方を示したものです．最適工期とは原価が最小になる工期のことです．

> 原価：構造物を造るのに要した費用．

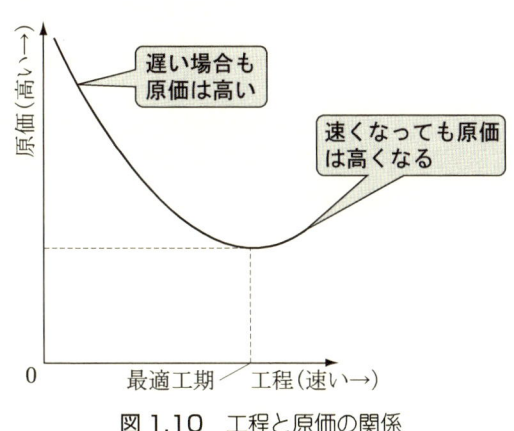

図 1.10　工程と原価の関係

(2) 突貫工事

突貫工事はやむを得ず行われるもので，次に挙げる無理が生じて原価が高くなるため，薦められるものではありません．

❶ 残業の割り増し手当てや深夜手当てなど，通常以上の賃金支払いが生じる
❷ 作業箇所，作業員の増加に伴い，消耗材料の使用量が増える
❸ 材料の手配が間に合わない場合などに生じる高価な材料の購入，労務の手待ちが発生する
❹ 仮設備の増設，監督員の増員が必要になり，現場管理費が増加する

1.6 時間の短縮

所長：標準的なペースで作業が進行しているね．そのつど作業速度の実績データをまとめておかなければいけないよ．
N君：まとめたデータは何に使うんですか？
所長：積算や営業での資料として使うんだ．作業実績データを示せば，説得力のある提案ができるからね．

　サービス産業の世界で，速さを売り物にしているものは少なくありません．ファストフード店では，速さと安さがサービスの基本です．床屋では，シャンプーやひげそりなどの工程を省略して，速さと安さをサービスの特長にしているところもあります．

　建設分野においても，商業施設，鉄道や道路の建設など，開業や開通の日が早くなればなるほど発注者にとっては利益が増えるため，短期間に施工するように求められるケースがあります．ただし，約束した期日までに完成させるという契約のため，その期間のなかでいかに合理的に計画するかが腕の見せ所です．期日の遅れに対してペナルティが課せられることはよくありますが，前倒しによるボーナスが与えられることはあまり聞いたことがありません．

　従来は発注者が事業全体を見て，分割して発注することで，予定の期間内に完成させていましたが，事業が大型化，高度化，複雑化してくると，全体を一つの工事として発注し，俯瞰して管理することを求められる場合がでてきます．

　工事中の交通渋滞など新しい要素が加わることで，分割して発注するより事業全体で考えるほうが合理的な場合もあるのです．このような場合，工事のスピードが要求されます．工程を短縮する要素も，個別に検討するより全体で検討する方法を考えるほうが多いでしょう．

　橋やトンネルの開通がもたらす経済効果や，現道の舗装工事などで工事中の交通渋滞による経済損失を考え，総合評価方式の入札で価格以外の要素として，工事期間短縮の方法を問う案件が増えてきています．**日頃から，工事速度に関して考え，提案できる案を引き出しに準備しておく**と良いでしょう．

> **総合評価方式**：入札者が示す価格と技術提案を総合的に評価して落札者を決定する入札方式．

例 図1.11は，長距離のシールドトンネル工事を3工区に分割したA案と全体を1つの工事として発注する場合のB案を比較しています．左側の立坑はシールドを発進させることができる大きさですが，右側の立坑は到達立坑としてしか使用できない小型の立坑と仮定します．A案は中間に立坑を設け，ここから両方向にシールドを発進します．さらに，左側の立坑からも1台，シールドが発進し，工区の境で地中接合します．B案は左側の立坑から1台のシールドで掘進します．

A案ではシールドが3台必要なのに対し，B案では1台で済むだけでなく，地中接合や中間立坑の費用が発生しないことから，コストは大幅にB案が安く抑えられます．スピードについてはシールド3台と1台でB案が不利ですが，A案には地中接合があるので，それほど差はでません．

B案に決まると，入札時の技術提案で請負業者は1日当たりの施工量を競って提案します（**図1.12**）．

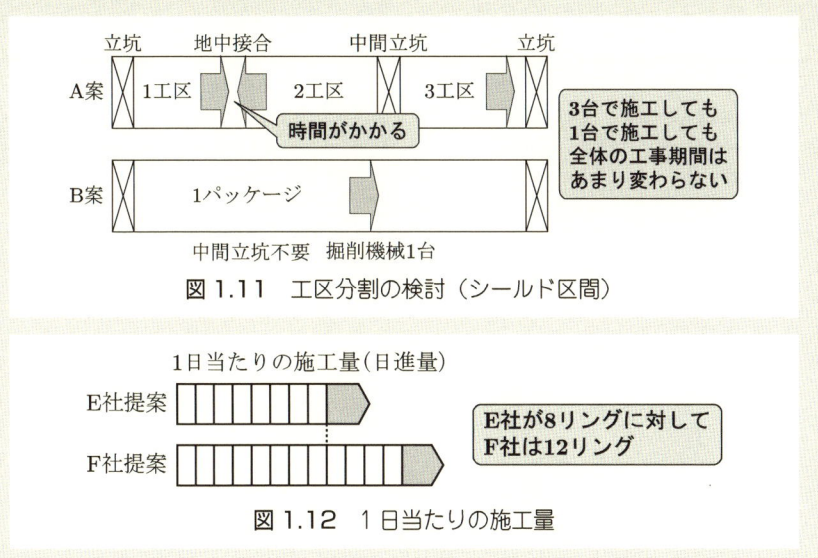

図1.11　工区分割の検討（シールド区間）

図1.12　1日当たりの施工量

課題　現在担当している工事（計画中でも，実施中でも可）を2ヶ月早く終わらせる工夫をしてみましょう．何か新しい発見がありますよ．

第1講のまとめ

1. 「日程入りネットワーク」が使いやすいが，工事に合わせて管理しやすい工程表を選ぶ．
2. 機械は少ない台数を連続して使用し，資材は転用回数を多くするとコストを低減できる．
3. 一連の作業は，一本の線で表したほうが見やすい場合がある．
4. 工程計画の工程表と進捗管理の工程表は，別ものが良い．

工程の遅れを取り戻すには，残数量が多いほど対策の効果があるので，問題を早めに考える必要があります．常日頃から心掛けて作業に取り組みましょう．

第2講 品質管理

　土木構造物や建物は，車のように同じ製品を何台も造るわけにはいきません．また，世界でたった一つのものを造るわけですから，発注者に喜んでもらえるものでなくてはいけません．このため，検査に合格した材料を使用して，設計図面どおりに正確に仕上げることが絶対条件となります．コンクリート打設の日は現場に張り付いて，コールドジョイントやあばたが出ないように監督します．たまには自らバイブレータをかけ手本を示すことがあるかもしれません．コンクリートを打ち終わったら，所定の強度が出るようにしっかり養生します．

　顧客から要求されているものを造る．これが品質管理の基本です．良いものを造れば，また注文してもらえます．今回は，品質マネジメントシステム，QC七つの道具，とくに管理図について学びます．

2.1 品質管理とは

所長：君たち若い連中は，原価管理より品質管理に力を入れてほしい．

N君：品質管理という言葉はよく聞きますが，具体的には何をすればいいんですか？　QC活動をするということですか？

所長：品質管理を英訳するとQuality Controlだから，QC活動と混同してしまうことがよくあるけど，まったくの別物だよ．
QC活動は，問題が起こってから改善していく．それに対して，品質管理は，不測の事態を考慮して，不具合が起こる以前から問題が起こらないように管理していく．たとえば，打ち継目がずれていたり，漏水したりしない良いコンクリートを打ちたい場合，しっかり打設順序や養生方法を計画して打つ．これが品質管理の考え方だよ．

　建設の作業現場では，QC活動やISO9001の導入以前から，設計どおりの構造物を造るために品質管理を行ってきました．測量を行い，丁張をかけ，墨出しにより出来形管理を行い，設計で要求された品質を維持するために，材料の

検査，配筋検査，型枠検査などを行うことが従来の品質管理でした．従来の品質管理が重要としていたのは，構造物がスペックどおりに造られているかどうかでした．当然，不良や問題点があれば修正します．

しかし，これからの品質管理は，仕様書に基づき，検査方法，品質の管理方法などの計画を立案して実践し，品質改善までを実施するという品質に関するすべての活動のことを指します．ISOではマネジメントシステムという形を要求し，これらのしくみを規定しています．

QC活動は，品質管理と改善が狙いで，品質管理より品質改善が重要視され，不良や問題の原因を追究して対策・改善するといった再発防止型です．そのQC活動が問題解決のための小集団活動から，経営トップの品質方針をトップダウンで全社員に展開していくTQC（Total Quality Control）として発展し，さらにTQM（Total Quality Management）として経営トップ層の強力なリーダーシップのもとで，問題発生前の対策を要求する品質管理へと展開しています．

2.2 検　　査

N君：品質の管理のためには，検査が重要ですよね．
所長：もちろんそうだね．ただ，適切な時期に検査しないと作業がストップしてしまうこともあるから，注意をしないといけないよ．

(1) 目的別の検査の分類

検査の役割は，構造物の品質が設計どおりに確保されているかを判定することです．どの時点で何を目的に検査するかによって，受入検査，中間検査，最終検査に分けられます．

❶ **受入検査**　原料・材料・部品などの受け入れ時に，これらを受け入れて良いか品質の検査をします．また，薬液注入工法で使用する注入剤など，設計で指定された数量を使用していることを保証するために，納入時と完了時に数量の検査を行います．

表2.1 生コンクリートの受入検査

項　目	時期，回数	判断基準
圧縮強度（一般の場合，材齢28日）	荷卸し時 1回/日または構造物の重要度と工事の規模に応じて20〜150 m³ごとに1回	設計基準強度を下回る確率が5%以下であることを，適当な生産者危険率で推定できること
スランプ		許容誤差：スランプ5 cm以上8 cm未満：±1.5 cm，スランプ8 cm以上18 cm以下：±2.5 cm
空気量		許容誤差：±1.5%
塩化物イオン量	荷卸し時（工場出荷時とすることができる）海砂を利用する場合2回/日，その他の場合1回/週	原則として0.30 kg/m³以下（特別な場合は0.60 kg/m³を上限とすることも認められている）

　たとえば，生コンクリートはコンクリートが打込まれる前に，圧縮強度を保証するために試料の採取および，表2.1に示す受入検査を行います．圧縮強度用の試験体は通常，1回につき6本を採取します．圧縮強度の検査結果が判明するのは1月後ですが，不合格判定であった場合は対策が後手になるので，早期に予測できるよう，3日強度あるいは7日強度の試料を3本採取するのが一般的です．1回の試験結果は，購入者が指定した呼び強度の強度値の85%以上で，かつ3回の試験結果の平均値は，購入者が指定した呼び強度の強度値以上でなければなりません．

　鉄筋，PC鋼線などは納入時に，分析試験，引張り試験，曲げ試験，衝撃試験，形状・寸法および外観検査などの結果を，ミルシートとよばれる製造会社の鋼材検査証明書で照合し，品質を確認します．

❷ **中間検査**　中間検査は，次工程に進んで良いかを見極めるために行うもので，コンクリート打設前の鉄筋検査，型枠検査がこれにあたります．埋め戻し前に行われる出来形検査も中間検査の一形態です．

❸ **最終検査**　コンクリート構造物は，完成後に表面の状態および形状寸法について，検査を行います．あばたなどがあれば補修を行い，出来形寸法が許容誤差に収まっていることを確認し，最終製品として引き渡たすための品質検査が，最終検査です．

(2) 判定方法による検査の分類

検査は目的による分類のほか，判定方法による分類もあります．

たとえば，盛土工事における品質管理には，品質規定方式と工法規定方式があります．品質規定方式は必要な品質を仕様書に明示し，締固めの方法については施工者にゆだねる方式です．これに対して工法規定方式は，使用する締固め機械の機種，締固め回数など施工方法そのものを仕様書に定める方式です．

盛土材料が砂質土や礫質土の場合は，最大乾燥密度と最適含水比を用いる「乾燥密度規定方式」によって，締固め度を品質規定するのが一般的です．また，自然含水比の高い粘性土に対しては，空気間隙率または飽和度を施工含水比によって品質規定する方法が使用される例が多いようです．

2.3 品質マネジメントシステム

N君：ISO9001も品質管理ですか？
所長：ISO9001を取得すれば，マネジメントのしくみがISOの規定に合っていることになるけど，これはあくまでもしくみでしかないよ．
N君：個々の製品を保証してくれるわけではないんですね．

従来，工事中の品質検査は，発注者側の監督員と請負側技術者の両者の立会いで行っていました．このとき，指摘事項を記録したり，測定寸法を図面に記載したりしていたかもしれません．これが，**ISOではマネジメントシステムという形で要求され，作業方法を文書化し，記録を残さなければならない**のです．たとえば，品質管理計画表，品質管理記録表（**図2.1**），品質管理チェッ

工種	擁壁工	管理項目	擁壁高(h)				適要
測定日	測定箇所	設計値 (mm)	測定値 (mm)	差 (mm)	管理基準	判定	
11.08	No.2	1,000	1,020	+20	-30	合	W_1, h, W_2

図2.1　品質管理記録表の例

ク表などを記録として残すことが要求されています.

　この記録を,従来の検査制度に替わるしくみとして活用します.その効果として,品質の向上と,手直しの減少がいわれています.また,施工の過程における問題点が把握でき,改善方法を発見できることも効果として挙げられます.

　ISO9001 は,品質マネジメントシステムの要求事項を規定したものです(第4講で詳述します).要求事項は,❶品質マネジメントシステム,❷経営者層の責任,❸経営資源の管理,❹製品の実現化,❺測定・分析・改善,です.各項目は,さらにより具体的な要求事項が規定されています(表 4.4 参照).

　ISO は構造物の品質を保証する規格ではなく,しくみに関する規格です.認証を受けるための組織のしくみや手続きなど,プロセスの形にこだわっても,本当の改善にはつながりません.そこで,実質的な成果が上がるように活用する必要があります.

2.4 QC 活動とは

N 君：現場では,大工さんや鉄筋屋さんも,グループに分かれて QC 活動をしているのにはビックリしました.
所長：より良い品質のものを作り上げるために仕事のやり方を改善しているんだね.テーマも自分たちで考えて,実施しているんだよ.

(1) QC 活動の手順

　小集団が自主的な活動を通じて,職場の効率化や質的改善を図ることを小集団活動といいます.小集団活動が導入された当初は,生産性の向上がテーマにとり上げられていましたが,近年では品質管理や安全管理などの改善提案に対象が広がりつつあります.

　QC 活動は,品質管理と改善を行うことをねらいとして編成される小集団活動で,多くの企業に定着しています.その理由は,施工段階で設計品質に合った品質を作りこむために,安定した工程を維持する管理活動だからです.品質が満足しない場合には,皆で話し合い作業工程を改善します.

　QC 活動は次のステップにより行われます.これらは,QC ストーリーともよばれています.

❶ テーマの選定　　❷ 現状の把握　　❸ 目標の設定
❹ 要因の解析　　❺ 対策の立案と実施　　❻ 効果の確認
❼ 歯止め（標準化）　　❽ 残された問題と今後の計画

(2) QC 七つの道具

QC 活動を行う際に有効なツールを以下に示します．例題のつもりで読んでください．QC 七つの道具は，数値で示すことができるデータを分析するための道具です．

❶ **層別**　母集団となるデータを，何らかの共通点をもったグループに分けることです．どのように分けるかがポイントで，うまく層別しないと違いを見出せないことがあります．たとえば，鉄筋検査で指摘されることの多い現場で，改善を試みることにしました．検査の指摘内容で層別する（**図 2.2**）こともできれば，指摘件数を柱，壁，床など部位別，あるいは作業チーム別に整理することが考えられます．

❷ **パレート図**　層別された項目を出現頻度順に並べ，棒グラフと累積和を折れ線グラフで表した図です．好ましくない結果を表すデータを使います．

図 2.2 を見ると，鉄筋検査において指摘されることのもっとも多いのが，

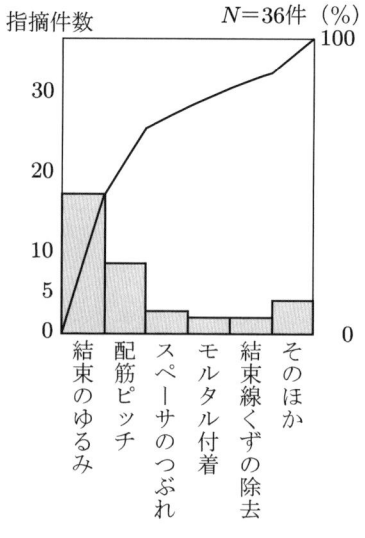

図 2.2　パレート図

結束のゆるみであり，次に配筋ピッチが多いことが一目でわかります．

❸ **特性要因図** 好ましくない結果に対し，原因として想定される候補を，一目でわかるように魚の骨のような図にしたものです．

コンクリートにひび割れが発生する原因について，**図2.3**にまとめてみました．「ひび割れが発生する」を魚の頭におきます．頭から大骨を1本引き，中骨を4本書き込みます．次に，ブレインストーミングによっていろいろでてきた原因を「打設方法」，「養生」，「材料・配合・設計」，「製作」といった四つの項目にくくり，それぞれの中骨に小骨で貼り付けます．

❹ **ヒストグラム** 度数分布表とよばれます．縦軸に度数（回数），横軸に区

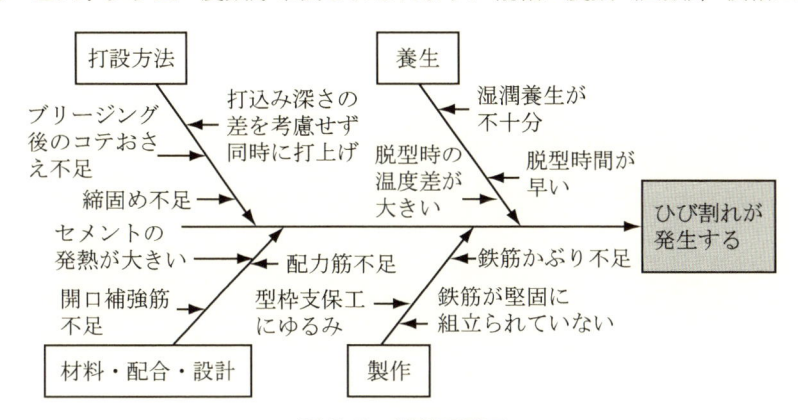

図2.3 特性要因図

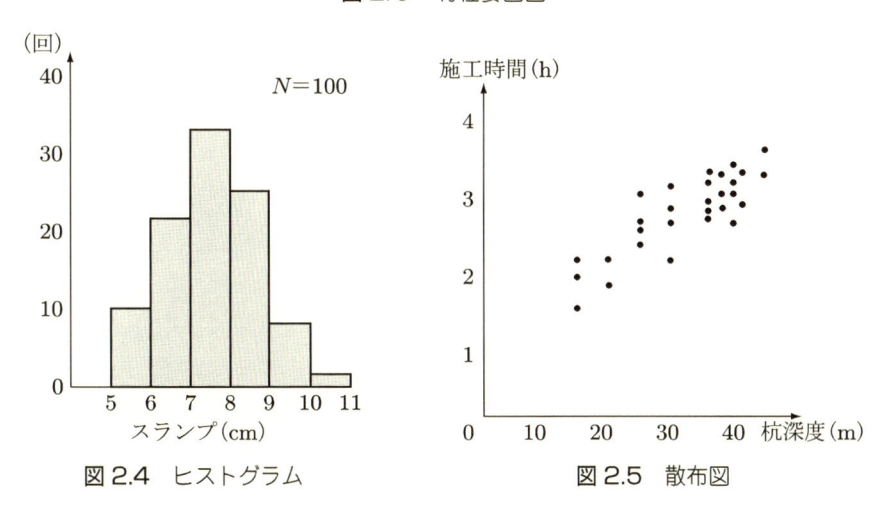

図2.4 ヒストグラム

図2.5 散布図

施工場所　　　　コンクリート打設前のチェックリスト

項目	細別	確認項目	チェック時期(指示事項)
	型枠	寸法検査を行い、記録がある	□(　　／　　)
		フォームタイ、ジャッキ等にゆるみがない	□(　　／　　)
		金物が設置されている	□(　　／　　)
		箱抜きが適正に行われている	□(　　／　　)
		打ち継ぎ部の止水板の倒れなどがない	□(　　／　　)
		配管に止水シールが巻かれている	□(　　／　　)
	鉄筋	スペーサ等により正しい鉄筋被りがとられている	□(　　／　　)
		刺し筋が正しく挿入されている	□(　　／　　)
		結束線など床に落ちていない	□(　　／　　)
		︙	︙

図 2.6　チェックシート

間をとった棒グラフです．図 2.4 は，コンクリートのスランプ値と度数の関係を示したもので，スランプ 7〜8 cm を中心にばらついていることがわかります．

❺ **散布図**　2 種類の測定結果を示すデータの関係を表すグラフです．図 2.5 は，横軸に杭の深度，縦軸に施工時間をとったもので，点の並び方が右肩上がりのことから，二つの項目間には正の相関があると判定できます．

❻ **グラフ・管理図**　製造工程の安定性を評価するためのグラフや図です（図 2.13）．

❼ **チェックシート**　点検用と記録用の二つの使い方があります．点検用は，点検すべき項目の抜け落ちを防止するために，記録用はデータの収集に用います．図 2.6 は，点検用チェックシートです．

(3)　新 QC 七つの道具

QC 七つの道具が数値で示すデータの分析のための道具であったのに対して，新 QC 七つの道具は言語データを分析するための道具です．

❶ **連関図**　問題とその原因，および原因どうしの因果関係を，矢線を使って整理したものです．「なぜなぜ問答」を繰り返し，原因は何かと順次考えます．解決しなければならない課題として「型枠をはらませない」が抽出された場合，「なぜ型枠がはらむのか？」それは「フォームタイがゆるむから」では「なぜフォームタイがゆるむのか？」，「バイブレータをかけ過ぎ，振動が伝わるから」と問答を繰り返します（図 2.7）．

❷ **マトリックス図**　複数の事象の対応関係を整理したものです．複雑な事象

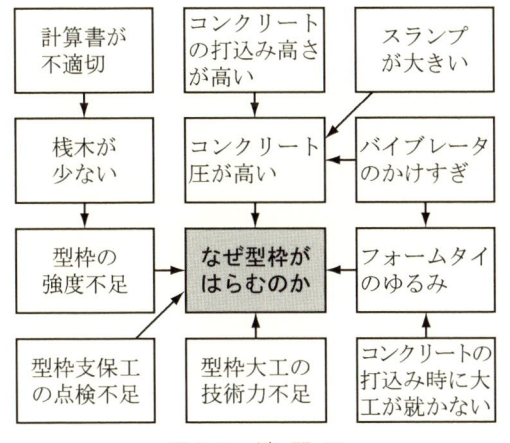

図2.7 連関図

（図：「なぜ型枠がはらむのか」を中心とした連関図）
- 計算書が不適切
- コンクリートの打込み高さが高い
- スランプが大きい
- 桟木が少ない
- コンクリート圧が高い
- バイブレータのかけすぎ
- 型枠の強度不足
- フォームタイのゆるみ
- 型枠支保工の点検不足
- 型枠大工の技術力不足
- コンクリートの打込み時に大工が就かない

保有資格等 \ 作業員	Aさん	Bさん	Cさん	Dさん
型枠支保工の組立等作業主任者	○	○	○	○
足場の組立等作業主任者	○			○
玉掛技能講習	○	○	○	
ガス溶接作業主任者	○			○

図2.8 マトリックス図

間の関係を整理するのに役立ちます．**図2.8**は作業員と保有する資格を整理したもので，一目で資格の保有状況がわかります．

❸ **系統図** 目的を達成するための手段を樹形状に表現したものです．**図2.9**は，コンクリートのコールドジョイントを出さないためにどうしたら良いか整理したもので，三つの階層にまとめています．

❹ **過程決定計画図（PDPC）** PDPCは，「Process Decision Program Chart」の略で，対策を進めていくプロセスを表現したフローチャートのことです．最適策の追求や実施によく使われます．**図2.10**は，床版コンクリートを打設後，柱コンクリートを打設するまでの作業の流れを示したものです．柱鉄筋の圧接に対する抜き取り検査に合格しなければ，後続作業にかかれないこ

図2.9 系統図

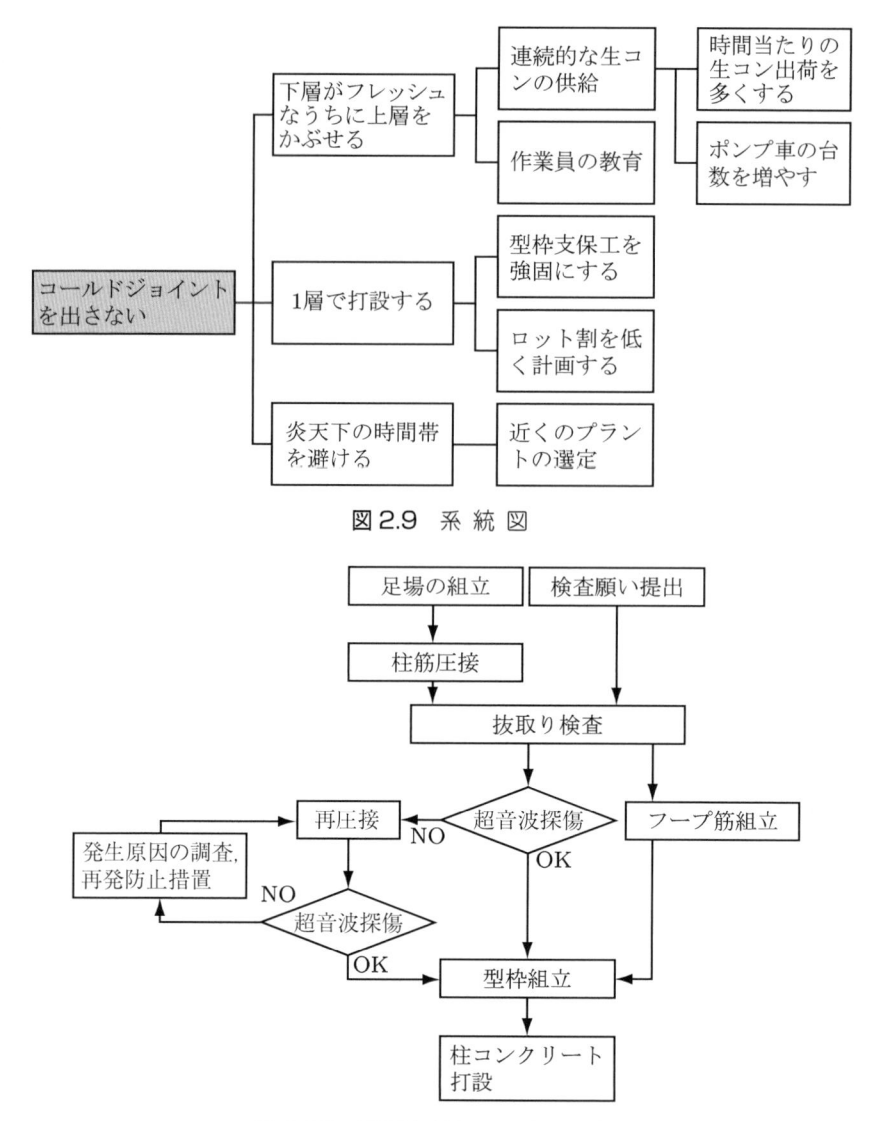

コールドジョイントを出さない
- 下層がフレッシュなうちに上層をかぶせる
  - 連続的な生コンの供給
    - 時間当たりの生コン出荷を多くする
    - ポンプ車の台数を増やす
  - 作業員の教育
- 1層で打設する
  - 型枠支保工を強固にする
  - ロット割を低く計画する
- 炎天下の時間帯を避ける
  - 近くのプラントの選定

図2.10 過程決定計画図（PDPC）

とがわかります．

❺ **アロー・ダイヤグラム** ネットワークのことです（図1.3）．工事の工程計画で使われます．

❻ **親和図** 言語データを，関連事項ごとに分類，集約したものです．テーマ

2.4 QC活動とは ❖ 39

```
検査に時間がかかる
 ┌時間的なゆとり──────────────────┐
 │┌作業の効率化──────┐┌検査時間の再確認──┐│
 ││・約束の時間に受検  ││・早めに検査依頼の提出││
 ││・早い時間帯に設定  ││・いそがしいのだろう ││
 ││・当たり前だが検査  ││・電話で確認すればよい││
 ││ 前には作業が完了  ││・迎えに行けばよい  ││
 │└──────────┘└──────────┘│
 └────────────────────────┘
 ┌監督員との信頼関係─────────────────┐
 │・指摘されないよう組立て精度をあげる        │
 │・仲良くしてほしい                 │
 └────────────────────────┘
 ┌検査対策─────────────────────┐
 │・事前に管理結果を提出すれば良さそう        │
 │・あらかじめ，さげふりを垂らしておけば良い     │
 │・検査の補助員をつければ良い            │
 │・検査用図面は薄く，別個に作成する         │
 └────────────────────────┘
```

図2.11　親和図

の発見や問題の整理に使われます．図2.11は，検査時間がかかり過ぎることが問題になり，改善のために話し合った結果をまとめたものです．いろいろな意見が出てきましたが，共通性のあるものをグループ化します．グループの特徴がよくわかる見出しをつけることで，問題の構造が見えてきます．通常，KJ法といわれます．

❼　**マトリックス・データ解析図**　統計学では主成分分析法とよばれる手法で，複数の特性を総合的に解析するための図です（図2.12）．新QC七つ

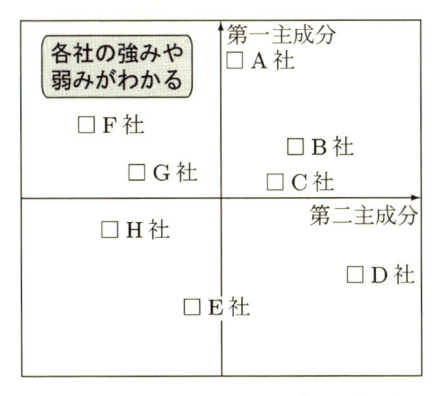

図2.12　マトリックス・データ解析図

の道具のなかで，唯一，数値データを使用します．対象のグループ分けや，商品の位置づけ（ポジショニング）などに利用されます．

2.5 管理図

N君は，打設した生コンの圧縮強度試験のデータを整理しています．

所長：データはためずに，そのつど管理図に整理しておかなくてはいけないよ．

N君：毎日の管理は生コン屋さんがやっているので大丈夫です．

所長：彼らが管理しているのはプラント全体の話であって，うちの現場で使用したコンクリートだけではない．この工事で使っている生コンが安定した状態で製造されているかを管理するのは，現場監督の役目だよ．

(1) 管理図の種類

ここでは，QC七つの道具の一つである管理図について説明します．管理図は生コンなどの製造工程が安定した状態にあるかどうかを判断するためのグラフです．図2.13のように，横軸に時間，縦軸に品質特性をとり，データを打点します．偶然の原因によるばらつきと異常の原因によるばらつきを判断して，工程を管理します．

1本の管理線（中心線 CL）とその上下に管理限界線（UCL，LCL）を記入することで，グラフの打点状況が，「偶然原因」なのか「異常原因」なのかを読み取ることができます．

検査の対象が計量値と計数値の場合では，用いる管理図が異なります．強度，長さといった計量値の管理図には，以下の種類があります．

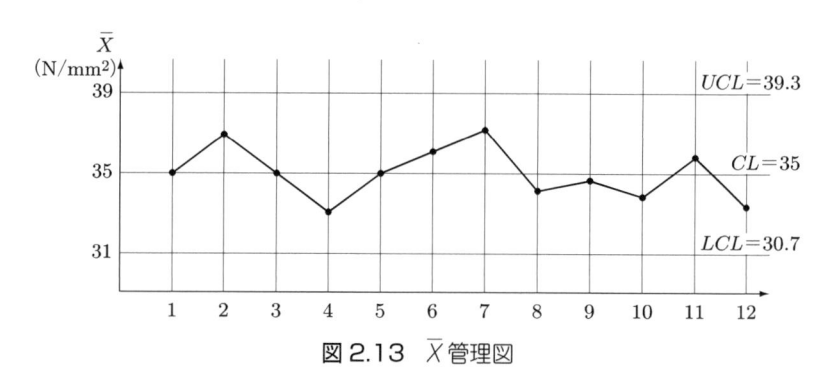

図2.13　$\bar{X}$ 管理図

❶ $\bar{X}-R$ 管理図　工程を平均値 $\bar{X}$ とばらつきの範囲 R で管理します．
❷ $\bar{X}-s$ 管理図　平均値と標準偏差 s で管理します．
❸ $Me-R$ 管理図　中央値 Me と範囲 R で管理します．
❹ $x-Rs$ 管理図　個々の値と移動範囲 Rs（前後のデータの差の絶対値）で管理します．

(2) $\bar{X}-R$ 管理図

　コンクリートの品質管理では，$\bar{X}-R$ 管理図が使われます．3 回の試験結果の平均値で管理するように仕様書に定められているためです．$\bar{X}-R$ 管理図は，平均値 $\bar{X}$ の管理図と範囲 R の管理図とを組み合わせて 1 枚の図にまとめたもので，$\bar{X}$ で工程平均を管理し，R 管理図でばらつきを管理します．管理限界線を中心線から両側へ 3σ の距離とします．ここで，σ は打点された統計量の群内母標準偏差です．

　管理限界線を越える可能性は，異常よりも偶然事象によるところのほうが小さくなるように配慮されています．

　$\bar{X}$ 管理図の管理限界線は次のとおりです．
　　　中心線　　　　$CL = \bar{X}$
　　　上方管理線　　$UCL = \bar{X} + A_2 \times \bar{R}$
　　　下方管理線　　$LCL = \bar{X} - A_2 \times \bar{R}$
　R 管理図の管理線は次のとおりです．
　　　中心線　　　　$CL = \bar{R}$
　　　上方管理線　　$UCL = D_4 \times \bar{R}$
　　　下方管理線　　$LCL = D_3 \times \bar{R}$
ただし，A_2, D_3, D_4 は群の大きさで決まる定数で表 2.2 のようになります．

表 2.2　管理限界の係数値

n	A_2	D_4	D_3
2	1.880	3.267	0
3	1.023	2.575	0
4	0.729	2.282	0
5	0.577	2.115	0
10	0.308	1.777	0.223

(3) $\overline{X}-R$ 管理図の作成手順

具体的に作成手順は次のとおりです.

❶ **データを集める** 例として，生コンの圧縮強度を管理します．ここでは，3日強度だけで管理図を作成します．この場合，データのなかに7日と28日というように，強度が混在してはいけません．

❷ **データを群に分ける** 一つの群に含まれるデータの数を群の大きさ（$n = 2〜6$）といいます．毎回3本の試験体を採取していれば$n = 3$です．

❸ **データシートに記入する** 圧縮試験のデータを三つずつ記入します．

❹ **各群の平均値を計算する**

❺ **範囲 R を求める** 範囲とは，データの最大値と最小値の差のことです．例の No.1 では $36 - 34 = 2$，No.2 では $39 - 34 = 5$ が範囲です．

❻ **総平均，範囲平均を求める** 総平均とは平均値 $\overline{X}$ の平均です．同様に範囲平均とは範囲 R の平均です．

❼ **管理線を求め，記入する** $n = 2〜5$ では，R 管理図の LCL は0になります（図2.13）．

❽ **点を記入する**

例 コンクリートの強度試験において，**表2.3**のような結果が得られました．$\overline{X}$ 管理図の上方管理限界（UCL）と下方管理限界（LCL）の数値を求めてみましょう．

$UCL = \overline{\overline{X}} + A_2\overline{R} = 35 + 1.02 \times 4 = 39.1$

$LCL = \overline{\overline{X}} - A_2\overline{R} = 35 - 1.02 \times 4 = 30.9$

表2.3 データシート

No.	測定値			平均値 $\overline{X}$	範囲 R
	X_1	X_2	X_3		
1	36	34	35	35	2
2	39	34	38	37	5
3	35	37	33	35	4
4	32	33	34	33	2
5	34	32	39	35	7
総平均				35	4

同様に，R 管理図の上方管理限界（UCL）と下方管理限界（LCL）の数値を求めます（**図2.14**）.
$$UCL = D_4 \times \bar{R} = 2.575 \times 4 = 10.3$$
$$LCL = D_3 \times \bar{R} = 0$$

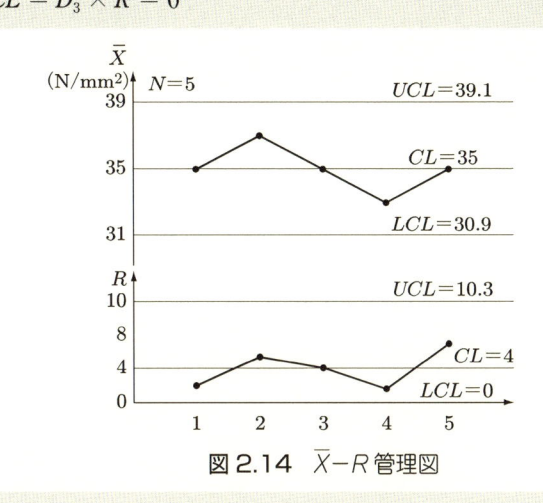

図2.14 $\bar{X}$–R 管理図

例で UCL や LCL を求めるとき，A_2 の値は表2.2 の $n = 3$ を用います．5群までのデータが載っているため，$n = 5$ と間違える人が多いので，気をつけましょう．

(4) 管理図の見方

製造工程が統計的管理状態（安定状態）にあるかどうかを，管理図から判定します．管理状態にある場合とは，

A：管理限界（UCL と LCL の内側）の内側に点があること
B：点が管理限界内にあっても，点の並び方にクセがないこと

です．点の並び方のクセとは，以下の❶〜❹に示す現象のことです（**図2.15**）．

❶ 点が中心線の一方に多く表れる（CL に対して長さ 7 以上の連が片側にあれば異常）

❷ 点がしばしば管理限界線に接近して表れる（連続 3 点中，2 点が管理限界線へ接近していれば異常）

❸ 点に傾向や周期性がみられる（連続 7 点以上が上昇または下降傾向を示せ

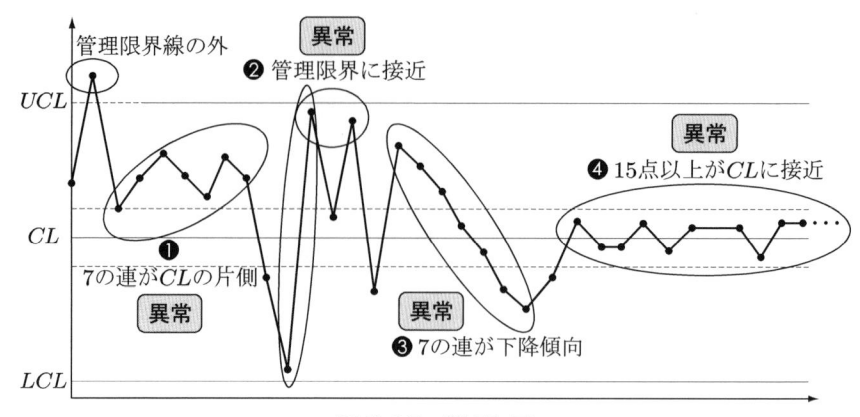

図2.15　管理図

ば異常）

❹　点が中心線に接近して表れる（連続15点以上がCLに接近（1σ以内）していれば異常）

管理図を作成しただけでは，何も改善できません．「夜間の気温が△℃と寒かった」，「川砂を□□産に替えた．」などデータが得られた条件，環境など可能な限り多くの情報を得ておく必要があります．

また，以下の状態ならば安定していると判断できます．

❶　連続25点以上，管理限界内にある
❷　連続35点中，34点以上が管理限界内にある
❸　連続100点中98点以上が管理限界内にある

> **課題**　一人でもQC活動は可能です．「鋼矢板をまっすぐ打てない」など，いま直面している問題を取り上げ，連関図を作成してみましょう．

第 2 講のまとめ

1. 入札時の評価項目として品質を問う案件が増え，差別化のためにも品質は経営の問題として捉えなくてはならない．
2. 問題が発生してから再発防止策を講じる活動より，問題が発生する前に対策する品質管理のほうが重要である．
3. ISO9001 や QC 活動を通して品質管理を徹底し，瑕疵などにより利益が圧迫されることがないようにする．

「良いものを造る」これが建設経営の王道です．適正な利益は必ずあとからついてきます．利益ばかりに目を奪われていてはいけません．管理図は，資格試験でよく出題されるので，しっかり覚えてください．

第3講 労働安全衛生管理

ニュースなどで，建設現場の死亡事故が報道されることがあります．同じ職場の仲間が亡くなるのは非常に残念なのは当然ですが，仕事の観点からみても，人材の損失は，今後の工程に影響を及ぼすので，望ましくありません．このため，働く環境の管理も建設経営では重要です．それでは，どうすれば事故を未然に防ぐことができるのでしょうか．

事故を防ぐには，いかに危険を予知できるかであり，そのための訓練を行っているかがポイントになります．今回は，災害統計の読み方，組織の体制づくり，危険を予知する方法と対策の立て方について学びます．

3.1 建設業と事故

N君：事故の謝罪で経営者が頭を下げているニュースが最近は多いですよね．
所長：経営者の責任が問われるのは，安全が経営の問題だからだね．
N君：飲食店で食中毒を出すと，何日間かの営業停止になることがありますが，建設業も死亡事故を起こすと，発注者から工事の指名停止を受けることがあるんですか？
所長：工事の受注機会を失うだけでなく，労働災害を起こすと次年度の保険料負担が増える．自動車で事故を起こしたときの保険と一緒だね．また労働災害を起こすと，経営事項審査の点数は下がり，逆に，事業場が建設事業無災害表彰を受けると点数が上がるしくみになっている．だから，事故だけは起こさないように気をつけてほしい．

> **経営事項審査**：公共工事を受注するために，建設業者が客観的に財務内容など経営に関する格付けを受けること．

航空機の墜落など，一度に複数の死傷者がでる事故ですと社会問題になりますが，建設業の事故は1人が墜落したとか，1人がはさまれたといった事故が多いため，新聞に報道されることは少ないようです．

表3.1は平成18年度の東京都内の労働災害と死亡者の発生状況です．墜

表3.1　労働災害発生状況（東京労働局データ（平成18年））

	墜落, 転落	転倒	飛来, 落下	はさまれ 巻き込まれ	切れ, こすれ	動作の反動	その他
労働災害数	665	188	188	224	180	108	313
割合	35.6%	10.1%	10.1%	12.0%	9.6%	5.8%	16.8%
死亡者数	23	5	3	1	0	0	9
割合	56.1%	12.2%	7.3%	2.4%			22.0%

全産業の36%と多い（墜落, 転落 35.6%）

落・転落，はさまれ・巻き込まれ，転倒，飛来・落下，切れ・こすれ，などが多いことがわかります．このうち墜落・転落は全体の約36％を占め，死亡者にいたっては約56％と非常に多いことがわかります．

3.2　労働災害と災害統計

N君：労働災害の統計の数字を見てもチンプンカンプンです．
所長：年千年率や度数率，強度率は知っているかい？．
　　　50人の会社で年間1人の死傷者が出た場合と200人の会社で年間1人出た場合では，どちらの会社のほうが事故を起こしやすい会社かな？
N君：もちろん50人の会社です．もし，200人いたら死傷者が4人いる計算になりますから．
所長：そのとおり．もし1000人の会社だったら，1年間にどのくらい死傷者が出るかを換算したのが年千人率の考え方だよ．度数率は100万延べ時間当たりに換算した数字だ．

　労働災害とは，労働者が就業にかかわる建物や設備などにより，あるいは労働者の不安全な行動に起因して，労働者が負傷したり，疾病にかかったり，死亡することです．災害統計には次に挙げる指標が用いられます．指標の目安として，4年間のデータを表3.2に載せています．

❶　**年千人率**　在籍労働者1000人当たりの年間死傷者数

$$年千人率 = \frac{年間死傷者数}{平均在籍労働者数} \times 1000$$

表3.2 災害統計の例

		平成29年	平成30年	平成31年	令和2年
建設業	度数率	0.92	0.79	0.80	0.81
	強度率	0.14	0.28	0.18	0.24
	千人率	4.5	4.5	4.5	4.5
全産業	度数率	1.66	1.83	1.80	1.95
	強度率	0.09	0.09	0.09	0.09
	千人率	2.2	2.3	2.2	2.5

❷ **度数率** 100万延べ労働時間当たりの労働災害による死傷者数

$$度数率 = \frac{労働災害による死傷者数}{延べ労働時間数} \times 1000000$$

❸ **強度率** 1000延べ労働時間における労働災害の重さの程度

$$強度率 = \frac{労働損失日数}{延べ労働時間数} \times 1000$$

労働損失日数は次のようにカウントされます．

- 死亡および永久労働不能の場合 7500日
- 身体障害を伴うものは，身体障害等級に応じて 50〜7500日
- 身体障害を伴わないものは，休業日数 × 300/365

> **例** 労働者数300人の事業場で，1人年間2000時間働いたとき，休業災害1件，それによる労働損失日数を102日とすると，年千人率，度数率，強度率は次のようになります．
>
> 年千人率 = 年間死傷者数 ÷ 平均労働者数 × 1000
> = 1 ÷ 300 × 1000 = 3.3
> 度数率 = 労働災害による死傷者数 ÷ 延べ労働時間 × 1000000
> = 1 ÷ (300 × 2000) × 1000000 = 1.7
> 強度率 = 労働損失日数 ÷ 延べ労働時間 × 1000
> = 102 ÷ (300 × 2000) × 1000 = 0.17

> **例** 工期が24ヶ月，全工期中に発生した労働災害者が16人，年間労働者数が360人であったとき，年千人率は次のようになります．
>
> 年千人率 = 年間死傷者数 ÷ 平均労働者数 × 1000
> = (16 ÷ 24 × 12) ÷ 360 × 1000 = 22.2

3.3　安全衛生管理のための作業所の組織

N君：所長のつけている腕章には統括安全衛生責任者と書いてありますが，総括安全衛生管理者と同じことですか？

所長：統括と総括は間違いやすいが違うよ．安衛法に基づく安全衛生管理組織には大きく分けて二通りのものがある．一つはこれから説明する❶から❸のタイプ．もう一つは，同じ場所でいくつかの下請が混在して作業をすることによって生じる労働災害を防止するタイプ．後者は，統括安全衛生責任者が統括管理する．

N君：一般的な建設現場は，元請がいくつもの下請と契約するパターンですから，統括安全衛生責任者のほうが多そうですね．

安全管理の基本的な組織は，労働安全衛生法で定められています．

労働安全衛生法：安衛法ともいう．労働災害を防止するための基本法．

❶ **常時100人以上の労働者を使用する事業場**　図3.1に100人以上の事業場での安全衛生の組織図を示します．事業者は総括安全衛生管理者を選任し，安全管理者，衛生管理者の指揮をさせるとともに，表3.3の業務を統括管理さ

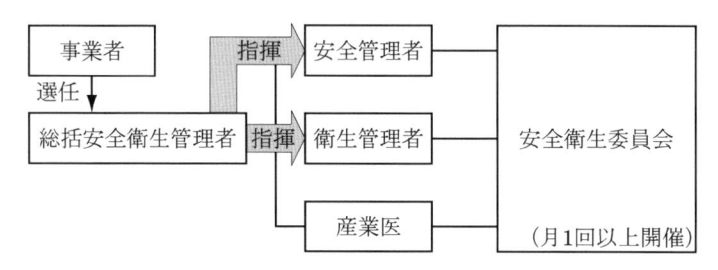

図3.1　100人以上の事業場の安全衛生の組織

表3.3　総括安全衛生管理者の統括する業務

❶ 労働者の危険又は健康障害を防止するための措置
❷ 労働者の安全又は衛生のための教育の実施
❸ 健康診断の実施その他健康の保持増進のための措置
❹ 労働災害の原因の調査及び再発防止対策
❺ 安全衛生に関する方針の表明
❻ 危険性または有害性の調査およびその結果に基づき講ずる措置
❼ 安全衛生に関する計画の作成，実施，評価および改善

せます．

❷ **常時 50 人以上の労働者を使用する事業場の安全管理体制**　図 3.2 に 50 人以上の事業場での安全衛生の組織図を示します．事業者は，安全管理者，衛生管理者および産業医を選任し，それぞれに表 3.4 に示す内容の業務を行わせなければなりません．

❸ **安全管理者の専任が義務づけられていないか，小規模の事業場**　労働者数 10 人以上 50 人未満の事業場では，安全衛生推進者を選任し，労働者の危険防止の措置，安全衛生教育の実施など安全に関する業務を担当させます．

❹ **元請・下請を合わせて常時 50 人以上の労働者を使用する事業場の安全管理体制**　図 3.3 に，元請・下請 50 人以上の安全管理体制を示します．建設現場は，重層下請関係で行われるため，同一の場所で異なる企業の労働者が混在して働く特徴があります．

元方事業者に選任された統括安全衛生責任者は，元方安全衛生管理者を指揮し，統括管理します．トンネル工事，ケーソンのように圧気を使う工事では，30 人以上

> **重層下請**：下請業者が，さらに下請に仕事を請け負わせる構造．

> **元方事業者**：自らが仕事を行う最先次の注文者のこと．通常，元請のゼネコン．

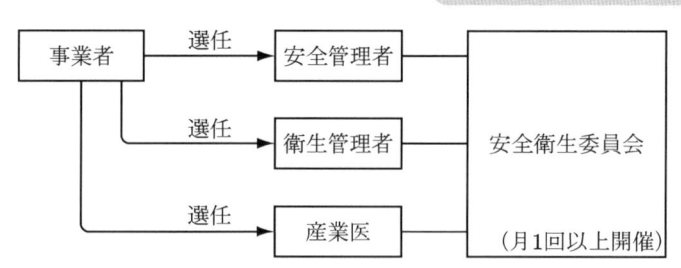

図 3.2　50 人以上の事業場の安全衛生の組織

表 3.4　業務内容

安全管理者	安全にかかわる技術的事項の管理 ❶ 作業場の巡視　❷ 設備，作業方法に危険がある場合の応急処置
衛生管理者	衛生にかかわる技術的事項の管理 ❶ 週1回作業場の巡視　❷ 設備，作業方法，衛生状態に有害のおそれがある場合，労働者の健康障害を防止する処置
産業医	労働者の健康管理 ❶ 月1回作業場の巡視　❷ 労働者の健康障害を防止する処置

```
元方事業者
   │選任
   ▼
統括安全責任者 ─指揮→ 元方安全衛生管理者    安全衛生協議会
                                          安全衛生責任者A
                                          （A下請事業者）
                                          安全衛生責任者B
                                          安全衛生責任者C
                                          （月1回以上開催）
```

図3.3　元請・下請50人以上の安全管理体制

でこの体制をとる必要があります．

3.4　労務・安全衛生などに関する管理書類

N君：準備しなくてはいけない安全関係の書類はたくさんありますね．
所長：仕事が始まる前に準備する書類ばかりでなく，災害防止協議会，安全パトロール，安全訓練，危険予知活動（KY）などの活動記録を残すことも要求されている．使用機械の点検記録，土留や足場，支保工の点検記録など山ほどある．毎日，こまめに整理しておくことが大事だね．

　仕事が始まると，多くの安全関係の書類が必要になります．グリーンファイルとよぶ下請会社から各元請会社（ゼネコン）に提出される安全書類のひな形つづりを利用することで，建設業法のほか労働安全衛生法，建設業雇用改善法に定められている要求事項が網羅できます．
　図3.4は実際の災害防止協議会施工体系図ですが，まさに図3.3の安全管理体制そのものです．重層下請の構造になっていることがわかります．

> **基本**　グリーンファイルの内容は次のとおりです．
> (1) 建設業法に関わる安全書類
>   ❶ 建設業法・雇用改善法等に基づく届出書（変更届）
>   （再下請負通知書様式）
>   ❷ 施工体制台帳作成建設工事通知書
>   ❸ 「施工体制台帳」
>   ❹ ○○工事作業所災害防止協議会兼施工体系図，下請負業者編成表
> (2) 労働安全衛生法に関わる主な安全書類

施工体系図

【施工体系図】

- 発注者名：××不動産
- 工事名称：斜面崩壊部対策工事
- 工期：自 平成△年1月28日　至 平成△年7月10日

【災害防止協議会兼施工体系図】

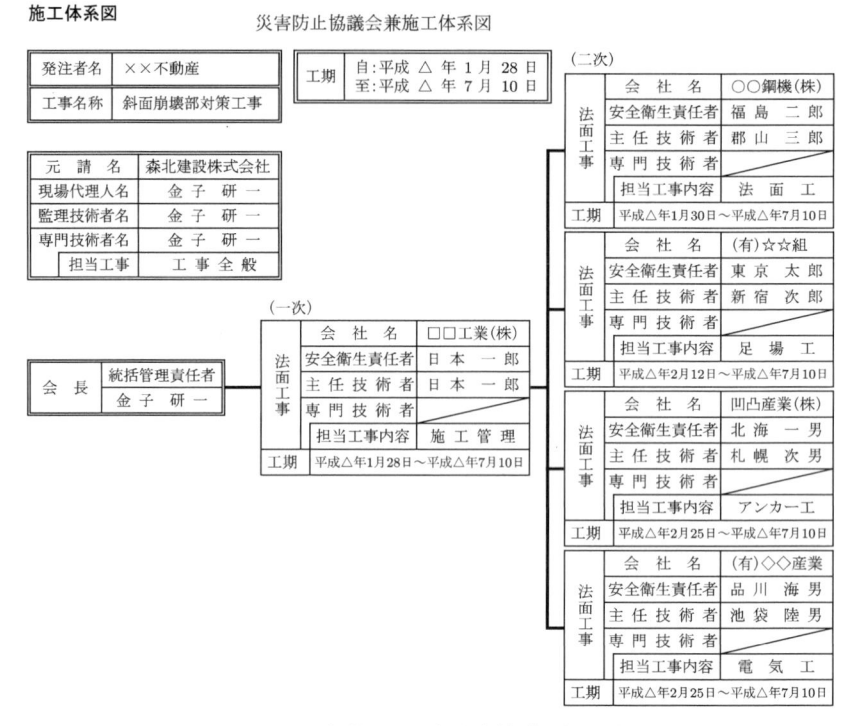

元請
- 元請名：森北建設株式会社
- 現場代理人名：金子 研一
- 監理技術者名：金子 研一
- 専門技術者名：金子 研一
- 担当工事：工事全般

会長／統括管理責任者：金子 研一

(一次) 法面工事
- 会社名：□□工業(株)
- 安全衛生責任者：日本 一郎
- 主任技術者：日本 一郎
- 専門技術者：
- 担当工事内容：施工管理
- 工期：平成△年1月28日～平成△年7月10日

(二次) 法面工事
- 会社名：○○鋼機(株)
- 安全衛生責任者：福島 二郎
- 主任技術者：郡山 三郎
- 専門技術者：
- 担当工事内容：法面工
- 工期：平成△年1月30日～平成△年7月10日

(二次) 法面工事
- 会社名：(有)☆☆組
- 安全衛生責任者：東京 太郎
- 主任技術者：新宿 次郎
- 専門技術者：
- 担当工事内容：足場工
- 工期：平成△年2月12日～平成△年7月10日

(二次) 法面工事
- 会社名：凹凸産業(株)
- 安全衛生責任者：北海 一男
- 主任技術者：札幌 次男
- 専門技術者：
- 担当工事内容：アンカー工
- 工期：平成△年2月25日～平成△年7月10日

(二次) 法面工事
- 会社名：(有)◇◇産業
- 安全衛生責任者：品川 海男
- 主任技術者：池袋 陸男
- 専門技術者：
- 担当工事内容：電気工
- 工期：平成△年2月25日～平成△年7月10日

図3.4　ある作業所の災害防止協議会施工体系図

❶「作業員名簿」，❷「免許，資格証の写し」，❸「持込機械等（移動式クレーン，車両系建設機械等）使用届」，❹「持込機械等（電動工具，電気溶接機等）使用届」，❺「危険物・有害物持込使用届」，❻「火気使用願」，❼「安全衛生管理計画書」など

3.5　事故の原因

N君：いくらしっかり管理していても，人間ですからときにはミスをおかしてしまいます．だから，防ぐのは難しい気がするんですが……．

所長：確かに，管理しているのは人間だから，ミスをゼロにするのは難しいね．だけど，その人的ミスも起こる原因を考えて，あらかじめ対処しておけば，かなりのミスを防げるはずだよ．

(1) ヒューマンエラーの定義

ヒューマンエラーとは，「システムによって定義された許容限界を超える一連の行動」と定義されています．いくら設備を安全にしても，人が許容範囲から外れる行動をとることにより事故は起こります．設備や機械の信頼性を向上させることはできますが，人間の信頼性は機械と比較して不確定的な面が多く，向上させることは難しいといわれています．

(2) 要因と対策

ヒューマンエラーが起こる要因は，慣れによる危険の軽視など，表3.5に示すような12項目に分類できます．これらの対策には次の二つの方法があります．

❶ 人間がミスをしないようにする
❷ 人間がミスをすることを前提とした安全対策をとる

ミスを少なくするためには，次のことなどを検討します．

❶ 作業を行いやすくする
❷ 人に異常を気づかせる工夫をする
❸ たとえ事故が起こっても，被害の規模を小さく抑える工夫をする

明るさを十分に保ち，周囲の音が耳に入る程度に騒音を抑えるなど，作業環境を整えておけば，異常が起こった際も回転灯や警告音で危険を知らせることができ，小さな事故に抑えることができます．

表3.5 ヒューマンエラーが起こる要因

❶ 無知，未経験，不慣れによる判断ミス　❷ 慣れによる危険軽視
❸ 不注意　❹ 連絡不足（あいまいな安全指示，マンネリ化）
❺ 集団欠陥（チームとしてある作業に集中）　❻ 近道・省略行動本能
❼ 場面行動本能（瞬間的に1点に集中すると周囲が見えなくなる）
❽ パニック　❾ 錯覚（思い込み，見間違い，聞き間違い）
❿ 中高年の機能低下　⓫ 疲労などによる注意力低下
⓬ 単調作業等による意識低下

3.6　日常的な安全衛生活動

N君：労働災害を起こさないための組織などはわかりましたが，常日頃から私

たち自身で気をつけておけば良いことも多い気がします．
所長：そのとおり．各個人が注意しておけば防げることは多い．ただ，気を抜いたときでも事故にならないようにするのがわれわれの役目だよ．

労働災害は，日頃から発生させないための努力が必要です．日常的な活動として，労働災害の防止に重点をおいた定期点検，危険予知活動（KY），整理・整頓・清潔・清掃といった4S活動，ヒヤリ・ハット活動などが有効です．

(1) 危険予知活動

危険予知活動（kiken yochi でKYといいます）とは現場で作業設備を見ながら，あるいは作業状況を描いたKYシートを使って，実際の作業のなかに潜む危険要因と対策について小集団で話し合う訓練です．会議室でシートを見ながらやる段階より，朝のミーティングで，さらに現場を見ながら作業前に行うと有効です．当たり前のことを行動目標にするのではなく，安全を先取りするという意識で参加しましょう．

対策目標は，実践できるものだけを決定します．作業手順書のある作業はあらためてKYを行う必要はありません．ただし，作業手順書を確認する行為は習慣付けましょう．

> **基本** KYの対策目標の決め方は次のとおりです．
> ❶ 作業のどこに危険があるか　　❷ 危険のポイントは何か
> ❸ あなたならどうする（対策の樹立）
> ❹ みんなでこうしよう（目標設定）

(2) 4S活動

整理，整頓，清潔，清掃を4S活動といいます．4S活動を徹底することが，効率化や品質向上にとって重要だという経験則を根拠にしています．躾をいれて5S活動とすることもあります．

整理では必要なものと不要なものを区別し，「いつか必要になるかもしれない」ものを思い切って捨てるようにします．また，整頓として品種別，寸法別に置く場所を決め，使い終わった道具は元の位置に片付けることを心掛けます．

清潔や清掃は当然のことです．だれかがやってくれるだろうではなく，毎日

終業時間前に実施しましょう．

(3) ヒヤリ・ハット活動

1件の死亡・重傷災害が発生したとすると，同じ原因で29件の軽傷災害があり，同じ性質の300件の無傷害事故があるという考え方があります．これをハインリッヒの法則といいます（図3.5）．そして，この300件をヒヤリ・ハット事例といいます．

ヒヤリ・ハットは報告させるだけでなく，早期に対策を立てること，認識を広めることが不可欠です．活動の実施により，報告者自身の安全に対する意識が高まるだけでなく，将来の重大災害を回避できる可能性があります．また，人間の想像力の及ばない隙間をついた事例が発見できる利点もあります．

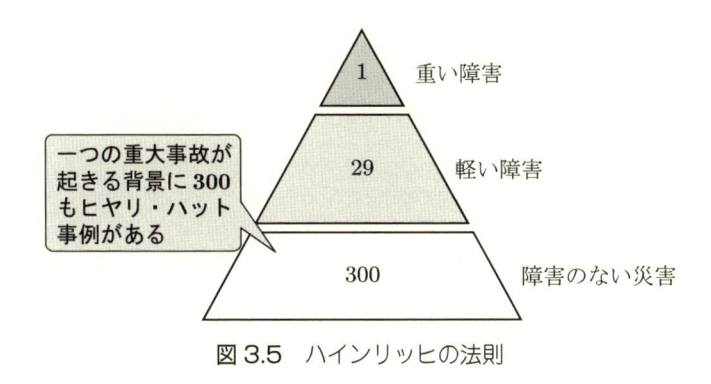

一つの重大事故が起きる背景に300もヒヤリ・ハット事例がある

1 重い障害
29 軽い障害
300 障害のない災害

図3.5　ハインリッヒの法則

基本　ヒヤリ・ハット活動を実施するポイント
❶ 早期の報告　❷ 報告者の保護　❸ 早期の改善　❹ 情報の早期流通

3.7　法の遵守

所長：学校では労働安全衛生法を学んだかい？
N君：はい，でもすっかり忘れてしまいました．
所長：事故の原因はヒューマンエラーであることが多いけど，法律を守ることでかなりの災害を防げてきている．現場の状況に応じた条文をよく読んで対応してほしい．
N君：先輩が，一級土木施工管理士の法律に関する試験問題をしっかりやって

おくと良いといっていました．

所長：それは良いアドバイスだね．過去3年くらいの勉強をしておくと，かなりのことが整理できる．数字など正確に覚えると現場で役に立つし，作業指示書を書く安全のポイントも，的を射たものになるからね．

安全に関する基準は，労働安全衛生法を中心とする法体系によって規制されています．労働安全衛生規則には建設機械，型枠支保工，爆発・火災等の防止，電気による危険防止，掘削作業，墜落・飛来崩壊の防止，通路・足場などに関する安全基準が規定されています．

> **基本** 労働安全衛生規則の抜粋を示します．このくらいは頭に入れておいてください．
>
> （墜落，飛来崩壊等による危険の防止）
> 1．高さが二メートル以上の箇所で作業を行う場合において墜落により労働者に危険を及ぼすおそれのあるときは，足場を組み立てる等の方法により作業床を設けなければならない．（518条）
> 2．高さが二メートル以上の作業床の端，開口部等で墜落により労働者に危険を及ぼすおそれのある箇所には，囲い，手すり，覆い等を設けなければならない．（519条）
>
> （通路，足場等）
> 3．つり足場の場合を除き，幅は，四十センチメートル以上とし，床材間のすき間は，三センチメートル以下とすること．墜落により労働者に危険を及ぼすおそれのある箇所には，手すり等を設けること．高さは，七十五センチメートル以上とすること．作業の必要上臨時に手すり等を取りはずす場合において，防網を張り，労働者に安全帯を使用させる等墜落による労働者の危険を防止するための措置を講じたときは，この限りでない．
> 　床材は，転位し，又は脱落しないように二以上の支持物に取り付けること．（563条）
> 4．幅が二十センチメートル以上，厚さが三・五センチメートル以上，長さが三・六メートル以上の板を床材として用い，これを作業に応じて移動させる場合で，次の措置を講ずるときは取り付けなくても良い．足場板は，三以上の支持物にかけ渡すこと．足場板の支点からの突出部の長さは，十センチメートル以上とすること．足場板を長手方向に重ねると

きは，支点の上で重ね，その重ねた部分の長さは，二十センチメートル以上とすること．
　あるいは，幅が三十センチメートル以上，厚さが六センチメートル以上，長さが四メートル以上の板を床材として用い，上記の措置を講ずるとき二以上の支持物にかけ渡すことは可．（563条）

3.8 設備からの災害防止

所長：墜落災害が多いことは教えたはずだな．足場の組立作業で命綱を使っていなかったぞ．必ず命綱を使うように指示してくれ．
N君：命綱を使うとじゃまで作業ができないこともありますよね．
所長：何をいってるんだ．足場などの設備を作っている段階でも，支柱を建ててロープ（親綱）を張って，そこで命綱を使用するよう指示しなさい．作業手順を周知させなくてはだめだぞ．

　建設業における死亡災害をその種類別にみると，墜落災害によるものがもっとも多く，建設業における死亡者数の約4割を占めています．とりわけ，足場からの墜落が墜落災害による死亡者数の約2割ともっとも高い割合となっています．このため，厚生労働省は足場からの墜落災害を防止するため，「手すり先行工法に関するガイドライン」を策定しました（平成15年）．

　同様の通達として，上水道，下水道，電気通信施設，ガス供給施設などの建設工事で小規模な溝掘削作業中における土砂崩壊災害を防止するために「土止め先行工法に関する指針」（平成15年）が策定され，また木造家屋など低層住宅建築工事における労働災害の防止を推進するために，「足場先行工法に関するガイドライン」（平成18年）が改正されました．

　従前の法律では，手すりを75 cm以上の高さにつければ良いことになっていましたが，平成21年6月から，85 cmの高さと中間の2段に手すりをつけること，幅木などをつけることなどが義務づけられました．

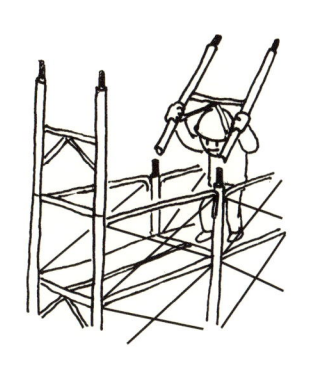

3.9 労働安全衛生マネジメントシステム

N君：法規を守る以外で，事故を防ぐために必要なことはなんですか？
所長：まず起こりそうな事故を予測し，対策を立てることだ．予測するためには経験と過去の事例を知ることが大切だ．そして，安全に関して継続して計画・実行・点検・是正処置といった PDCA を行う体制づくりが大事なんだ．

　労働災害を法規制だけに頼ろうとすると限界があります．そこで，建設現場ごとのリスクに適した自主管理によって，労働災害を減らす必要があるのです．労働安全衛生マネジメントシステムは，職場の労働安全衛生にかかわる危険のリスクを見積り，PDCA サイクルによって継続的改善を行うことです．組織の生産性を高めると同時に，疾病および負傷を引き起こす労働災害の防止に役立ちます．

　コスモスでは，会社として全現場を束ねた PDCA を回し，それぞれの工事現場では安全施工サイクルの PDCA を回すことで，継続的に会社と現場が一体となったシステムの構築を求めます．つまりコスモスでは，会社から方針などを押し付けるのではなく，現場の創意工夫が会社にフィードバックされ，他の工事現場にも情報が共有されるしくみを目指しているのです（図 3.6）．

　2006 年の改正労働安全衛生法では，労働安全衛生マネジメントシステムを実施している（OHSAS18001 の認証を受けている）事業場は，安衛法第 88 条第 1 項または第 2 項の労働基準監督署長や大臣への届出（表 5.7）を免除される制度が設けられました．

> **PDCA サイクル**：Plan（計画），Do（実行），Check（評価），Act（改善）のプロセスを繰り返す管理活動．

> **コスモス**：建設業労働災害防止協会が発表した労働安全衛生マネジメントシステムのガイドライン．

> **OHSAS**（Occupational Health and Safety Assessment Series）：労働安全衛生マネジメントシステムのこと．OHSAS 18001 は，第三者による監査用として使うことのできる唯一の国際規格．

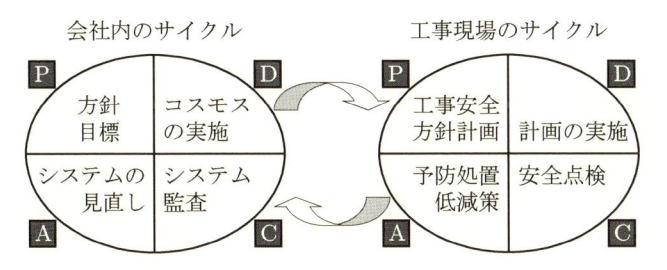

図 3.6　コスモスによる PDCA のサイクル

3.10　機械設計原則

N 君：フェールセーフとは，安全率を高く設計してあるということですか？
所長：従来は，余分にワイヤを仕込んでおいて 1 本切れても設計では耐えられるという安全率の考え方だったんだけど，現在は，故障したら必ず安全側に移行するという設計思想"フェールセーフ"が主流だね．
N 君：安全側に移行するとは，具体的にはどのようなことですか？
所長：安全側というのは危険な状態ではないことで，たとえば故障したら機械が停止して，危険な状況にはならないということだよ．

　建設現場においてもトンネル掘削機械，資材搬送機械など，工事用の機械や設備をあらたに製作することがあります．設備設計の段階でシステムの信頼性・安全性を高めるためには，次の 2 点が有効であると考えられています．

❶　フェールセーフに基づいた設計
❷　インターロックシステムの導入

　機械に故障が発生して正常な機能を保持できなくなった場合，機械の運転を停止させて災害防止を図るシステムをフェールセーフといいます．フェールセーフは，製品の設計段階で取り入れます．
　たとえば，風などで炎が消えると自動的にガスを止めるガスコンロや，振動を検知して自動消火する石油ストーブなどが挙げられます．異常な状態が発生した際，被害，損害が生じないように食い止める手段としてヒューズ，ブレーカーなどの電気的な安全装置，安全弁など機械的な安全装置を組み込みます．
　機械の運転が停止することが安全側とは限らない場合もあります．エレベータの運転中に停電した場合など，システムを停止させずに，次の階まで動かし

て，扉を開けるなど，機能を維持した状態で，障害や誤動作の影響を極力抑えて続行する考え方をフェールソフトといいます．

このほか，インターロックという考え方があります．インターロックとは，複数の条件を満たさないと動作しない機構のことで，二つの考え方があります．

❶ 安全確認型（例：オートマチックの自動車のシフトレバーがPで，かつブレーキを踏んでいないとエンジンが始動できないシステムなど）
❷ 危険検出型（例：扉が開いていると動かないエレベータや，シールド工事で切羽に人が立ち入ったらセグメントの組立て機械（エレクタ）が動かないようにすることなど）

> **課題** 度数率など指標の計算を事務に任せていませんか．今月は自分で計算してみましょう．

第3講のまとめ

1. 事故を起こさないために安衛法など法律をしっかり学習し，遵守する．
2. 同じような事故は繰り返されるので，事故の事例を多く知り，危険予知の勘を養う．
3. ヒヤリ・ハット事例で出てきた事故の芽に対して必ず対策を立てる．
4. 人間はだれでも過ちを犯すので，機械設計ではフェールセーフの考え方が重要である．

安全点検して是正するスタイルから，リスクを予測して改善していくというマネジメントシステムに移行しなくてはいけません．何事もそうですが，先を見通す力をつけるよう心掛けてください．

第4講 ISO

ISOについては，みなさんも聞いたことくらいはあると思います．最近では，企業だけでなく，大学などの教育機関でもその取得が進んでいます．それでは，ISOとはいったい何でしょうか．

ISOという言葉は広く知れ渡るようになりましたが，実際に活用している部署に配属されないと理解できない部分はあります．今回は，ISO9001とISO14001を学習します．せっかくISOを取得しても，ISOの活用現場や本社の設計部だけが，ISOのPDCAを回しているのでは困ります．会社がISOの認証を受けていることを理解し，積極的に取り組みましょう．

4.1 ISOとは

N君の配属された作業所は，ISO9001活用工事の現場です．

N君：なぜISOの認証取得が重要なんですか？

所長：N君は車を買うとき，どうやって決める？

N君：まず，雑誌の広告や，カタログを見て，かっこいいなと思ったら，ショールームへ行って，実物を見て決めると思います．

所長：車はショールームで，家は住宅展示場で実物を確認できるよね．だけど，実際に自分の手元にくるのは別の製品だよね．それで良いかな？

N君：深く考えたことはなかったですけど，すべてがほとんど同じものになるように，ちゃんと検査しているでしょうから，良いと思います．

所長：長く使うと，当たりはずれはあるかもしれないけど，一定の水準を満たしたものが届くだろうね．そしたら，ダムやトンネルなど土木構造物だったらどうだろう？ ショールームも展示場もないよね．

N君：過去の施工実績や，会社を信じて頼むのではないですか？

所長：きっとそうだろうね．実際に施工管理をするのは人だから，工事監督の能力や経験の差が工事に現れてしまうこともあるけど，その会社に頼めば，だれが担当しても仕事のやり方が変わることなく，一定の水準の構造物ができる．これを証明してくれるのがISOだよ．

ISOとは，国際標準化機構（International Organization for Standardization）のことで，電気分野以外のほとんどの分野について標準化を推進する機関です．代表的な国際規格としてISO9000シリーズ（品質マネジメントシステム），ISO14000シリーズ（環境マネジメントシステム）があります．ISO9000シリーズは，以前はISO9001〜ISO9004により構成されていましたが，2000年の改訂に際して，ISO9001〜ISO9003はISO9001に統合されました．

ISOは，ISO9001の認証を取得している会社が，品質マネジメントシステムに従った品質管理をしていることを保証します．同様にISO14001の審査登録を受けると，ISOは環境管理システムが組織のなかで動いていることを保証します．ただし，目標を実現できたのかなどは問いません．

一定の審査に合格すると，認証登録を受けることができます．一度認証を受けたら，それで終わりではなく，審査認証機関によるサーベランス（監督）を少なくとも年1回は受けなければいけませんし，3年ごとに更新審査を受けて登録を更新しなくてはいけません．

4.2 ISO取得のメリット

大手ゼネコンでも，中小の建設会社でも，ほとんどの会社がISO9001の認証を取得しているようです．ところが，国土交通省がISO取得を入札要件にしないと宣言したのを機に，お金がかかるのでやめようかという会社も出てきました．

N君：ISOを取得していなくても入札に参加できるということは，国がとくにISOの取得を推奨していないってことですよね．それなら，別に取得しなくてもいいと思います．それでも取得するのはどうしてですか？

所長：メリットの一つとして，入札時に総合評価の得点になることがあるね．また，工事を受注後，ISO9001活用工事を希望し，承認されると，ISO活用工事として実施される．立会い検査のための時間が節約できるなどコスト縮減にもなるんだよ．
　　　請負者だけではなく，発注者側もメリットがあるから，ISO活用工事にしたほうが，工事成績が良くなることもあるんだよ．

表4.1に示すように，ISO活用工事では，請負者の検査記録を確認することで，材料検査や工事の段階確認，施工の立会い業務を省略することができます．ただし，材料検査から鉄筋検査，出来形検査まで立会い検査が不要になるわけではありません．たとえば，鉄筋検査は半分だけこのシステムを行いますが，あとの半分は従来どおりの検査です．

コンクリート打設の立会い検査の場合，まず品質管理計画表（**表4.2**）を発注者に提出して承認を受けます．測定結果は品質管理記録表（**表4.3**）で確認してもらいます．これにより，立会い検査の時間が不要になるだけでなく，検

表4.1 ISO活用工事

従来工事	ISO活用工事
・指定材料の確認 ・段階確認 ・工事施工の立会い	原則として，請負者が行う検査記録の確認に置き換える．

監督項目	段階確認方法
1. 掘削長さ，支持地盤等設計変更に関する項目	通常の段階確認を実施する．
2. 事前に試験矢板又は試験杭の試行を伴う項目	通常の段階確認を実施する．ただし，試験矢板又は試験杭の施工以降の矢板及び杭の施工については，適当な時期に請負者の検査記録の一部を抽出して確認する．
3. 段階確認一覧の「確認の程度」の欄において「1回/1工事」，「1回/1構造物」等と定められている項目	適当な時期に請負者の検査記録を確認する．
4. 鉄筋組立てに関する項目	段階確認一覧に定める「確認の程度」の半分の頻度で通常の段階確認を実施する．
5. その他の項目	適切な時期に請負者の検査記録の一部を抽出して確認する．

表4.2 品質管理計画表

品質管理計画表

区分	管理項目		管理細目	管理のポイント	管理内容	管理基準値	基準図書	検査・確認					記録
(材・施)	工種	種別						検査方法	検査時期	検査頻度	検査担当者	検査責任者	
施工	配水池工	コンクリート工	運搬打設時間	打ち終わりまでの時間は所定時間内か	発刻及び打込み完了時刻	気温25℃超1.5時間以内	土木工事標準仕様書						コンクリート搬入打設状況報告書(D-4-2)
			コンクリート温度	打設時の温度は適切か	打設時コンクリート温度	35℃以下	土木工事標準仕様書						是正措置
			スランプ空気量		打設時スランプ空気量		土木工事標準仕様書				処置方法	再検査担当者	再検査責任者	記録

表 4.3　品質管理記録表

品質管理記録表(D-4-4)

工種	配水池工	種別	コンクリート工
管理項目	スランプ・空気量		

検査責任者　○○　○○　印
検査担当者　□□　□□　印

測定日	測定箇所	設計値		測定値		管理基準		判定	摘要
		スランプ	空気量	スランプ	空気量	スランプ	空気量		
□年○月△日	A柱(0〜150 m³)	12.0 cm	4.0 %	11.8	3.9	±2.5 cm	±1.5 %	㊤・否	
〃	A柱(150〜300 m³)	〃	〃	11.5	3.8	〃	〃	㊤・否	

査が済むまで次の工程に取り掛かれないといった事態を解消できます．

4.3　ISO9001 の要求事項

N君：ISO どおりに，わが社も実行しなければいけないんですよね．

所長：ISO には活動方法は定められているけど，どのようにするかは定められていない．つまり，その会社ごとに合ったシステムを作り，品質を確保すればいい．独自の良さを取り込むことで，他社より優れたものができるはずだよ．

　ISO は要求事項として，WHAT（何を）を規定していますが，HOW（どのように）は規定していません．ISO には従来の会社のやり方を基本にして，どのように実現するかが書かれています．ISO9001 品質マネジメントシステムの要求事項は，序文，第 1 章適応範囲，第 2 章引用規格，第 3 章定義と続きます．第 4 章以降を**表 4.4** に示します．ここにある要求事項をすべて書く必要はなく，必要のない項目は除外することができます．このため，自社の ISO の内容を理解する必要があります．表は ISO 特有の包括的な言葉で書かれているので，少し説明をします．

(1)　品質マネジメントシステム

　品質マネジメントシステムとは，JIS に「品質に関して組織を指揮し，管理

表 4.4　ISO9001 の構成

章とタイトル	要求事項
4. 品質マネジメントシステム	4.1 一般要求事項 4.2 文書化に対する要求事項
5. 経営者層の責任	5.1 経営者のコミットメント 5.2 顧客重視 5.3 品質方針 5.4 計画 5.5 責任，権限及びコミュニケーション 5.6 マネジメントレビュー
6. 経営資源の管理	6.1 経営資源の提供 6.2 人的資源 6.3 インフラストラクチャー 6.4 作業環境
7. 製品の実現化	7.1 製品実現の計画 7.2 顧客関連のプロセス 7.3 設計・開発 7.4 購買 7.5 製造及びサービス提供 7.6 監視機器及び測定機器の管理
8. 測定，分析及び改善	8.1 一般 8.2 監視及び測定 8.3 不適合製品の管理 8.4 データ分析 8.5 改善

するためのマネジメントシステム」と定義されています．わかりやすく説明すると，社長が立てた方針に従って各部門で目標を立て，全社員がPDCAのサイクルを回すことです（図4.1）．このシステムを継続的に実施することで顧客のニーズに柔軟に対応し，顧客を満足させる品質の構造物を提供できます．

作業方法を決め，だれが行うべきかなど組織に役割を振り分け，これらを文書化します．文書化に対する要求事項では，「品質方針」および「品質目標」の文書化を求めています．必要ならば，人によりばらばらだった仕事のやり方を標準化し，マニュアルを作成します．議事録や作業指示書，品質管理計画表・記録表など作業結果を記録に残し，実行の証拠を揃えます（図4.2）．この証拠のことをエビデンス（evidence）とよびます．

図4.1　PDCA サイクル

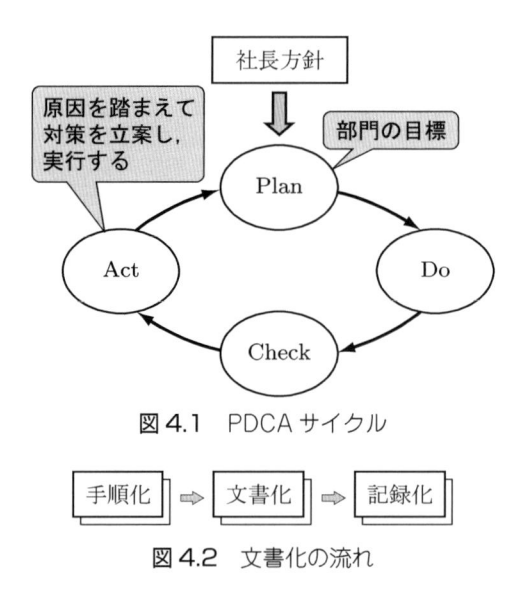

（社長方針 → Plan → Do → Check → Act → Plan）
- 部門の目標
- 原因を踏まえて対策を立案し，実行する

図4.2　文書化の流れ

手順化 ⇒ 文書化 ⇒ 記録化

(2) 経営者層の責任

　コミットメントとは達成すべき目標であり，達成できない場合は具体的な形で責任をとるものです．ただし，経営トップが上からものをいうだけでは不十分で，目標を達成するためには，社員の自発的な力を束ねる必要があります．顧客重視を根底にしたコミットメントが望まれます．

　品質方針とは，「経営方針」あるいは「社長方針」のことです．顧客思考，顧客満足を念頭に，経営者自身の言葉で書かれます．計画は品質目標や品質マネジメントシステムの計画が相当します．

　PDCA の D（実行）のために，責任，権限を明確にすることは大事です．コミュニケーションとは，PDCA のしくみがうまく回っているかどうかを話し合うことです．また，マネジメントレビューとはトップが，当初設定した目標が実際にマネジメントシステムを運用した結果どうだったかを定期的に再評価することをいいます．

(3) 経営資源の管理

　経営資源とは「人材」，「原材料」，「設備」，「資金」の四つのことで，英語の頭文字をとって 4M とよばれます．人的資源に対しては能力開発を狙った教育，訓練が望まれます．

4.3 ISO9001の要求事項 67

会社を運営していくうえで必要な施設や設備を，インフラストラクチャといいます．また，作業環境には人の意欲や満足に好ましい影響を与えるもので，広さ，温度，湿度，明るさなど物理的条件だけではなく，心理的条件も含まれます．

(4) 製品の実現化

工事現場では構造物を施工するために施工計画書を作成します．このなかで，発注者側の要求する事項（仕様，数量，工期など），法規制などを明確にします．これが製品実現の計画です．

設計業務を伴う場合，仕様書，打ち合わせ議事録などのインプット情報は記録し，設計図書，構造計算書，数量計算書などアウトプット情報は承認を得ることが必要です．設計部門では，設計の適当な段階で関係する部門の代表者，専門家を集めてレビューを行います．プロによるチェックを要求されているのです．開発業務も同様です．

購買製品に対しては，受入検査，立会い検査などを規定します．また，製造プロセスでの溶接や圧接作業は，技能をもった有資格者に作業をさせます．

(5) 測定，分析及び改善

監視及び測定とは，顧客満足度の調査，内部監査，検査のことです（**表4.5**）．不適合品が出た場合の処置など継続的な改善が要求されます．測定のデータはあるが，定期的に評価していないという指摘が多くあるようです．データを管理図などに表し，**傾向分析をして，問題が発生する前に対策を立てることが求められています**．

表4.5 製品の監視および測定

受入検査	段階検査	最終検査
納品書・ミルシート 製品検査報告書 　　　　　　など	圧縮強度試験記録書 出来形管理記録書 中間検査チェックリスト 中間検査報告書　　　など	社内竣工検査チェックリスト 社内竣工検査報告書 　　　　　　　　　　　　など

4.4 TQMとの違い

N君：ISO9001の品質マネジメントシステムとTQMの全社的品質管理との違いはなんですか？

所長：TQMとTQCのことは説明したね（第2講）．ManagementかControlの違いがあるけど，どちらも経営者が主導するQC活動のことだよ．つまり，社内で展開している品質管理活動だね．これに対して，ISOは外部の審査機関に品質管理のしくみを評価してもらうんだよ．客側の立場で考えればわかるけど，外部の機関が認めてくれるお墨付きというのは，説得力があるよね．

　ISOとTQMは，どちらも顧客の要望に合った製品・サービスを提供しようとする行為です．検査や手直しなど不要な仕事を減らし，経済的な生産を狙っている点では一致しています．「同じベクトル上にある」と表現する人もいるくらいです．

　ただし，TQMはQC活動とともに発展してきた経緯があり，生産者の立場から，結果を見ながら現場を改善し，製造効率を上げてきたものです．まず目標値があって，その目標値に満たない場合，原因を追及し，対策と再発防止を行うというやり方なのです．

　これに対し，ISOは顧客の立場から，顧客の基準に合うように品質保証体制を作るしくみで，PDCAを回すにしても問題が発生する前に体質を改善する，未然防止に重点がおかれています．外部の機関が，それを認証してくれるという点も異なります．

4.5 ISO14001と建設工事

N君：ISO14001は，環境に関するマネジメントシステムを構築するために要求される規格のことですよね．

所長：地球の温暖化防止など地球環境問題に貢献することが，これからの企業の役割なのは知っているよね．環境経営の到達点がISO14001の認証取得だと考えればいい．

N君：ですが，取得したからといって，仕事を入手できるわけではないんですよね．

4.5 ISO14001と建設工事

所長：確かにISO14001の認証を取得していても，直接受注にはつながらないね．だけど，地方自治体や民間企業の発注者がISO14001を取得していたら，発注者側とすれば，ISO14001に取り組んでいない会社に仕事を発注したくないよね．環境活動に対して，顧客の支持が増えれば，当然仕事も増えると思うよね．つまり，環境面での取引先選別が始まっていると考えられるわけだ．

N君：グリーン購入のようなものですね．環境ISOに取り組むことでのコスト増は仕方ないんですね．

所長：コスト増になるとは限らないよ．ISOの考えを取り入れれば，水道代，燃料費などむだなコストを排除できる．また，資材の節約を考えることで原価の改善や，経費を削減できるメリットもあるからね．

> グリーン購入：品質や価格にとらわれず，再生紙など環境負荷の小さい製品やサービスを優先して購入すること．

ISO14000シリーズは環境マネジメントシステムです．建設会社がISO14001を取得するのは，現在，環境問題が大気や水質，騒音，振動を中心とした地域的な公害から，オゾン層破壊，自然保護，廃棄物処理など地域規模に広がり，社会の関心が高まっているためです．

工事現場では何をしたら良いのでしょうか．**まず法を遵守することが大切です．**手始めに典型7公害（図4.3）について施工計画書を見直すこと，そして廃棄物処理法や建設リサイクル法（図4.4）を確実に実施することが要求されます．工程を短縮することも近隣の交通に良い影響を与えますし，照明の光を気にする人もいるので，夜間工事を減らす工夫も大事です．

法律を守ることは，ISOに関係なく当たり前の義務です．法律は必要最小限の実行を求めているもので，たとえば産業廃棄物の量が多くても適正に処理さ

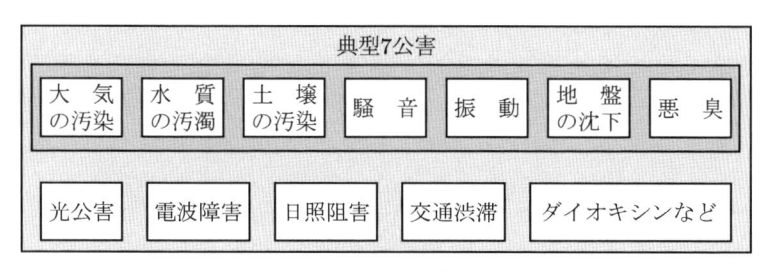

```
┌──────────────────────────────────────────────────┐
│                  典型7公害                        │
│  ┌──────┬──────┬──────┬────┬────┬──────┬────┐  │
│  │大気の │水質の │土壌の │騒音│振動│地盤の│悪臭│  │
│  │汚染   │汚濁   │汚染   │    │    │沈下  │    │  │
│  └──────┴──────┴──────┴────┴────┴──────┴────┘  │
└──────────────────────────────────────────────────┘
  ┌──────┬──────┬──────┬──────┬──────────────┐
  │光公害│電波障害│日照阻害│交通渋滞│ダイオキシンなど│
  └──────┴──────┴──────┴──────┴──────────────┘
```

図4.3 法の遵守

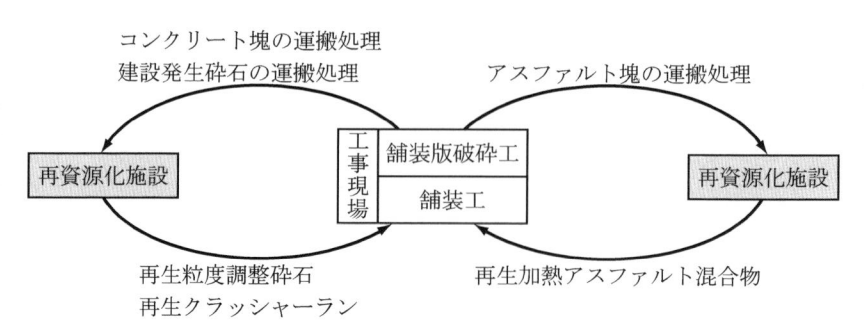

図 4.4 建設リサイクルの一例

表 4.6 作業現場における環境への取り組み

技術提案，計画レベル	作業現場	現場事務所
リサイクルの実施 LCA への提案 など	アイドリングストップ 騒音防止の徹底 建設廃材の圧縮 法の遵守（典型七公害） 工程短縮　　など	電力，ガス，水道の無駄 コピー用紙の節約 ゴミの分別処理 冷暖房費の削減 グリーン購入など

れれば違法とはなりません．しかし，ISO は廃棄物そのものの削減を目指しています．

　環境に関する新技術の開発は本社に任せるとして，現場では新技術の導入や材料の購入などにも積極的に取り組む必要があります．まず，ダンプトラックのアイドリングストップなど，工事の管理としてできることから始め，事務所の光熱費の節約など個人レベルでできることを行います．環境報告書に書いてあることが環境経営のすべてではなく，社員全員でいろいろな取り組みができるのです．組織が一丸となって目標に向かうことが大切です（**表 4.6**）．

　これらの取り組みは，会社の社会的イメージの向上だけでなく，入札の条件になることもあります．海外では，国内の法律の代わりに ISO14001 規格の遵守を要求することがあり，海外進出するときには審査登録が必要になります．

4.6 ISO14001 の要求事項

所長：N 君．わが社の環境方針を覚えているかい？
N 君：経営理念や品質方針など，いろいろあったと思いますが……．

所長：法律で，会社は事業活動に伴う環境への負荷を低減する責任を義務づけられているんだ．そのことを社員一人ひとりに自覚してもらいたい．

　会社としてすでに ISO14001 の認証を取得していても，担当の部署がやっている程度の認識で，自社の書類の中身を知らない人は意外と多いようです．せめて，トップの書いた環境方針を読み直してみましょう．トップ自らの言葉で，わかりやすく書かれているはずです．
　ISO では，環境方針を文書化し，全従業員に周知することを推奨しています．そして，PDCA サイクルにより，継続的な改善を行うことを前提にしています．表 4.7 に示す要求事項をもとに環境マネジメントシステムを行うことで，企業の社会的責任を履行することになり，企業のイメージアップにつながります．また，さまざまなコスト削減余地を発見するきっかけになります．将来の環境リスクを回避することも可能になります．
　表 4.7 を少し説明しておきます．ISO14001 規格は，4.1「一般要求事項」か

表 4.7　ISO14001 の構成

章とタイトル	要求事項
4.1 一般要求事項	
4.2 環境方針	
4.3 計画	4.3.1 環境側面 4.3.2 法的及びその他の要求事項 4.3.3 目的及び目標 4.3.4 環境マネジメントプログラム
4.4 実施及び運用	4.4.1 体制及び責任 4.4.2 訓練,自覚及び能力 4.4.3 コミュニケーション 4.4.4 環境マネジメントシステム文書 4.4.5 文書管理 4.4.6 運用管理 4.4.7 緊急事態への準備及び対応
4.5 点検及び是正措置	4.5.1 監視及び測定 4.5.2 不適合並びに是正及び予防措置 4.5.3 記録 4.5.4 環境マネジメントシステム監査
4.6 経営層による見直し	

> **Column** 各社の環境方針はどうでしょうか．
>
> 「環境保全及び汚染予防のために環境マネジメントシステムを構築し，その継続的な維持・改善を図る（鹿島）」
>
> 「施工段階では，地球温暖化防止，環境汚染の予防，ゼロエミッションを目指した建設副産物の発生抑制・リサイクル・適正処理を推進し，環境への負荷の低減に努める．環境に関する技術開発を積極的に推進し，その応用展開を図る（大成建設）」
>
> 「環境に関する法律，規則，協定等を順守するとともに，自主的な目的・目標を設定し実行する（大成建設）」
>
> 「環境教育，広報活動などにより，全社員に環境方針を周知徹底し，環境保全の意識の向上を図る．関連会社や協力会社に環境保全への積極的な取り組みを求め，それを支援する（大林組）」

> **ゼロエミッション**：工事で発注するすべての廃棄物を資源として有効利用すること．

> **基本** 環境方針の中に記載すべき事項
> ❶ 環境の継続的改善を約束するもの
> ❷ 環境の汚染をあらかじめ防止する約束を含むもの
> ❸ 法規制や，合理的な要求事項を満たすもの
> ❹ 環境改善への目的や目標を含み，見直す枠組みをもつもの

ら 4.6「経営層による見直し」までの 6 章で構成されています．4.4.7「緊急事態への準備及び対応」では，油漏れ，爆発など緊急事態への対応が必要な場合には，それらの手順を確立し，維持することを求めています．環境関連法では，事故時および緊急時の対応を求めている例が多くあります．

4.5「点検および是正措置」とは，環境に著しい影響を及ぼす可能性のある特性を遵守するには，定常的に監視・測定しなくてはいけないことを要求しています．計量法によって証明行為をする場合は，騒音計や振動計，pH 計などは校正を求められます．排水の分析結果など，環境法で記録や報告を求めているものもあります．こ

> **証明行為**：はかった量を知らせる行為で，公にその値が真実であることを表明できる．

のような法の要求事項に対しては，環境記録として識別し，残します．

最後に，経営者は監査の結果などを参考にして，環境管理システムを自分自身で見直し，その結果を文書にしなくてはいけません．

> **基本　ISO14001 導入のメリット**
> ❶　省エネ，省資源，廃棄物削減，リサイクルによる経費節減
> ❷　事故や法規制違反による環境リスクの低減
> ❸　組織の活性化と一体化推進
> ❹　継続的改善を要求される PDCA サイクルによる経営システムの定着
> ❺　環境改善に関する新技術導入によるイノベーション
> ❻　国際認証取得による海外工事の受注

> **課題**　自社の品質マネジメントを知ることから始めてみましょう．わかっている人は，自身の業務がルールに従っているかどうかをチェックしてみましょう．

第4講のまとめ

> 1．ISO 活用工事では，材料検査や工事の段階確認，施工の立会い業務が請負者の検査記録を確認することで代えることができる．
> 2．ISO では，問題が発生する前に対策を立てることが求められている．
> 3．社員は，経営トップの書いた自社の環境方針を読み，把握しておく必要がある．

ISO の認証を取得することは，審査に合格したというブランドにすぎませんが，社員の品質や環境に対する意識の向上や，企業活動の向上に活かせるものです．ISO を担当者任せにするのではなく，自分自身の業務に活用してみてください．

第2部

入社3年目A君の仕事術

　ここからは，入社3年目A君の現場です．

　3年目になると現場ではベテランです．少しずつお金に対して権限を与えられますので，どうやって利益を上げるかを考えるようになります．新しく始まる工事の計画や積算業務を手伝うこともあります．また，地球環境問題，ISOなど社会のしくみの変化を肌で感じる立場になります．法律を守って仕事をしているかを確認し，環境問題への対策を考えます．会社からは実戦部隊のリーダーとして，現場をまとめることを期待されます．

　A君は，工事現場を一つこなし，次の工事まで支店に上がっていましたが，いよいよ新しい工事に赴任するようです．今回の工事は，土地造成工事に付随した水道管敷設工事です．

第5講　施工計画
第6講　原価管理1
第7講　原価管理2
第8講　リスク管理
第9講　環境と経営

第5講 施工計画

　建設経営のなかに，直接お金にかかわる「経済性管理」という範疇があります．このなかには，第1部で学習した工程管理や品質管理も含まれますが，経済性管理の根幹は，施工計画と原価管理です．
　今回は，若手技術者の建設経営に対するスキルアップとして，まず現場で利益を上げるために基本である施工計画を学びます．施工計画書は現場の方針として重要です．その作り方から学んでいきましょう．

5.1　施工計画とは

　土地造成工事に付随した水道管敷設工事の工事作業所に，入社3年目のA君が配属されました．ここでの初仕事は，施工計画書の作成です．施工計画書ファイルの汚れからすると，土地造成工事では，施工計画書がよく使われているようです．

A君：施工計画書がどこまで重要なのでしょうか？
所長：施工計画書というのは，施工方法，施工手順，組織などを記載するものだというのはわかっているよね．この内容からわかることは，われわれがこの工事をどのように考え，どのように取り組もうとしているかということだよ．つまり，われわれの工事運営に対する表明と考えれば，その重要性もわかるんじゃないかな．
A君：必要とされる施工計画書にする作成のポイントを教えてください．
所長：工事着手前に出さなくてはいけないからといって，形だけにこだわって作ってしまえば，使われないのは当然だよね．施工計画書は施工に対する基本方針書なのだから，チーム全員の共通の認識であり，実行予算を立てるのに十分な情報が入っている必要があるね．
A君：みなさんは実際に施工計画書をどのように使うんですか？
所長：施工方法だけではなく，材料の数量や使用機械の台数，使用期間などが載っていると積算するのに使いやすいよね．
　それと，監督書への届出，警察との協議など，工事着手後に必要となる書類は，工事着手前に作成する施工計画書と共通の内容が多い．でき上

5.1 施工計画とは ❖ 77

がった施工計画書のなかから提出先など，相手にあわせて必要な部分を抜粋すれば届出の書類としても使えるんだよ．

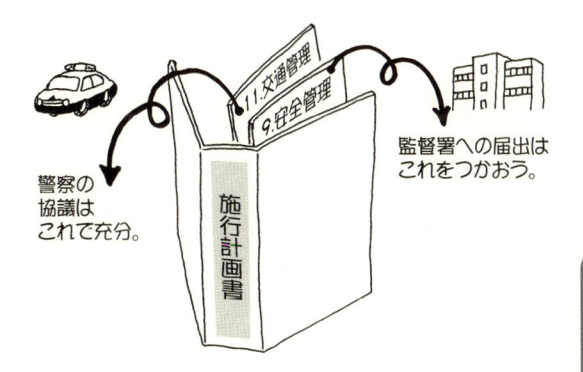

警察の協議はこれで充分．

監督署への届出はこれをつかおう．

A君がまとめようとしている施工計画書は土木工事共通仕様書で要求されているもので，工事着手前に監督職員に提出しなければなりません．

施工計画書は，契約後，工事着手前に作成するだけではなく，工事の発注前，発注後などあらゆる段階で見直しを行い，そのつど追加・修正し，作成していきます．会話でもあったように，あとで提出する書類を念頭に，施工計画書を作成すると効率が良いでしょう．

土木工事共通仕様書：発注者がものを注文するのに図面だけでは説明しきれない作業の順序，使用する材料の品質など，施工するうえで必要な技術的要求を定めたもの．使用する材料などに対し，その現場固有の要求を定めたものは特記仕様書．

施工計画書の作成では，設計図面に書かれた構造物などを，工期内に経済的かつ安全に作るために最善の計画を立てることを心掛けなければなりません．では，具体的に施工計画書作成の流れをみていきます．

❶ **入札前に必要な施工計画書** 発注者は，工事期間を設定し，予定金額を見積もる段階で作成します．請負者は，入札のための積算を行う前に施工計画を立てる必要があります．施工計画なしに算出されたコストでは，適切な金額かどうかを判断することはできません．施工計画書として提出物の体裁を整える必要はありませんが，工程表の作成や積算の根拠として，書面に残さなければならないものであり，複数の人がかかわる大型工事の積算には欠かせないものです．

❷ **工事着手前に必要な施工計画書** 工事受注後，実際に施工する担当者によって施工計画は練り直され，調達計画などが具体化されます．手持資材の

利用，労務，適用可能な機械類などを勘案して施工計画を作成します．これが基本になって実行予算が積算され，各種の届出や，説明のための資料が作成されます．施工計画は，施工にあたっての施工者の基本方針ですが，発注者の意見も反映させるのが好ましいでしょう．

❸ **施工段階に応じて作成する施工計画書**　工事が始まると，工事の進捗に伴い，詳細な施工計画を立て，承認を受ける施工計画書もあります．試掘工事や試験杭打ち工などを実施した場合，その結果から詳細な施工計画が求められます．薬液注入工事など，契約時には確定していなかった材料，数量，手順，管理方法などを検討した施工計画もあります．

コンクリートの打設前に，打設順序，作業員の配置，ポンプ車の配置，養生方法などを周知徹底するため，施工計画を立てます．このように，施工計画は要求される段階，目的によって内容は異なりますが，チームで工事を行うための基本方針であることに変わりはありません．

5.2　施工計画書作成のポイント1：事前調査

A君は，考えた施工計画を所長に説明しています．
所長：この道路に大型のトラックははいれるのかい？
A君：現地を見たわけではないですが，たぶんはいれます．
所長：施工方法を考えるとき，現地を見たのと見ていないのでは大違いだよ．現地を見ることで施工方法のイメージがわくし，発注者に質問しなくてはいけないことも見えてくる．早速，現場に行って見てきてみなさい．

施工計画を立案するには，事前調査が不可欠です．**表5.1**に事前調査すべき項目を示します．

事前調査として現地踏査を行うと，図面では気づかなかった作業環境（周辺の土地利用状況，自然環境など）が明らかになり，より的確に計画することができます．資材搬入道路を踏査することで，搬入時間帯や交通誘導員の配置がイメージできます．

電線など地上障害物の状況やマンホールのふたから水道やガスなど地下埋設物の存在を確認します．現場に足を運ぶことで，図面にない使用されていない埋設管を発見することがよくあります．このように施工中に問題になりそうな

表5.1　事前調査すべき項目

❶ 地形	❾ 工事用地　用地買収の状況，周辺の環境（工事に伴う騒音・振動・水質汚濁・粉じん等の影響），使用機械・施工法の適合性
❷ 地質，地下水	
❸ 施工に関係のある水文気象（降雨時期，出水・渇水時期）	
❹ 電力・水　動力源，給水源等の入手	❿ 支障物件（防護方法）
❺ 仮設建物の有無	・地下埋設物
❻ 輸送　搬入道路（作業時間，交通規制など制約条件，幅員，交通量，通学路など），船舶（水深，港までの距離）	（通信，電力，ガス，上下水道，用水路）
	・地上障害物
	（送電線，通信線，鉄塔，電柱）
❼ 材料	・交通問題
❽ 労力（他工事との関係）	・利権関係

リスクを把握できれば，計画の段階で対策を講じることができます．

現地調査ばかりではなく，契約書や設計図書の精査も重要なことです．他の工事のボーリングデータなど，既往の資料も最大限活用しましょう．

5.3　施工計画書作成のポイント2：基本方針と比較表

入札時に提出した技術提案の資料を開いてみると，A3用紙の比較表がいくつか挟まっています．

A君：施工計画書を作成するのに，比較表は必要ですか？

所長：施工方法や施工機械を選定するとき，いきなり決めないよね．担当者の過去の経験から，他の案と比較せずに決めていくより，複数の案を考えて，そのなかでもっとも優れている方法を客観的に選んだほうが，あとで迷うことなく一貫した作業所の方針になる．そのツールとして，比較表があるとわかりやすいんだよ．

施工計画の基本方針を立案するにあたっては，技術者としてスキルアップするために，一般的な施工方法であっても改良を試みること，新しい工法・技術の採用も検討すべきです．そのために，工事作業所の組織に頼るだけではなく，部内外の専門家を活用することも重要です．いろいろな案を検討してみましょう．

比較表（**表5.2**参照）では，いくつかの案を選定しますが，案は確実に実行できるものでなければなりません．横軸に案，縦軸には，施工案の概要，代

表5.2 比較表の例

試算作業，各案の説明分量を考えると，3～4案が適切！

バイパス工事　進入路比較表

	切取案	切取，補強盛土案	桟橋案
概要図			
前提条件	・縦断勾配は最大12％とする． ・幅員は大型車両が頻繁に往来しないといけないため，標準部で6m，離合箇所，折返し箇所及びびずり箇所では8mとする．		
工法概要	・地山の切取りのみで取り付ける． ・切取勾配は1：0.7とし法高10mで小段1mを設ける． ・縦断勾配及び冬季の施工を考慮し舗装を施工する．	・地山の切取と面状補強材による補強盛土を併用し，取り付ける． ・復旧時を考慮し切取りは極力少なくしたいが，面状補強材の敷設奥行きが限られているため，補強盛土の高盛さは5mとする． ・切取りの条件は切取案と同じ． ・補強盛土は法勾配1：0.5とする． ・縦断勾配及び冬季の施工を考慮し舗装を施工する．	・桟橋のみで取りつける． ・桟橋の平面位置は施工性を考慮し，覆工板山側端の天端と地山ラインまでの空間が2.5mとなる位置とした． ・覆工板は縦断勾配，冬季の施工を考慮し，滑り止め加工の施されたものとする．
長所	・法面工が軽微なものでよければ工事期間が一番短い． ・法面工にも因るが工費は安い．	・切取長さを押さえられる． ・復旧が容易である． ・切取法面の保守の頻度は，切取案に比べて少なく，トンネル施工サイクルに与える影響は少ない． ・工期が桟橋案に比較して短い．	・保守がほとんど不要であり，トンネルの施工サイクルに影響を与えない． ・地山を掘削する箇所が一番少なく，復旧が容易である． ・初期工費は高いが，保守費用は皆無に近い．
短所	・切取りが長大となり法面工が必要である． ・冬季は積雪や凍結がある地域であり，地山が凍結，融解を繰り返すことで法面の保守が頻繁に必要である． ・保守の頻度が多く，トンネルの施工サイクルに影響を与える要素が大きい． ・初期工費は安いが，保守費用がかかる．	・切取りと補強盛土を交互に施工する必要があり，切取案に比べて工期が長い． ・切取法面の保守が切取案に比べて頻度は少ないが必要である．	・工期が一番長い． ・初期工費は一番高い．
時間	1	1.1	1.25
費用	1	1.05	1.2

比較しやすくするため数字で表せるものは数字で表す

費用は比較する工種だけを直接工事費で表す

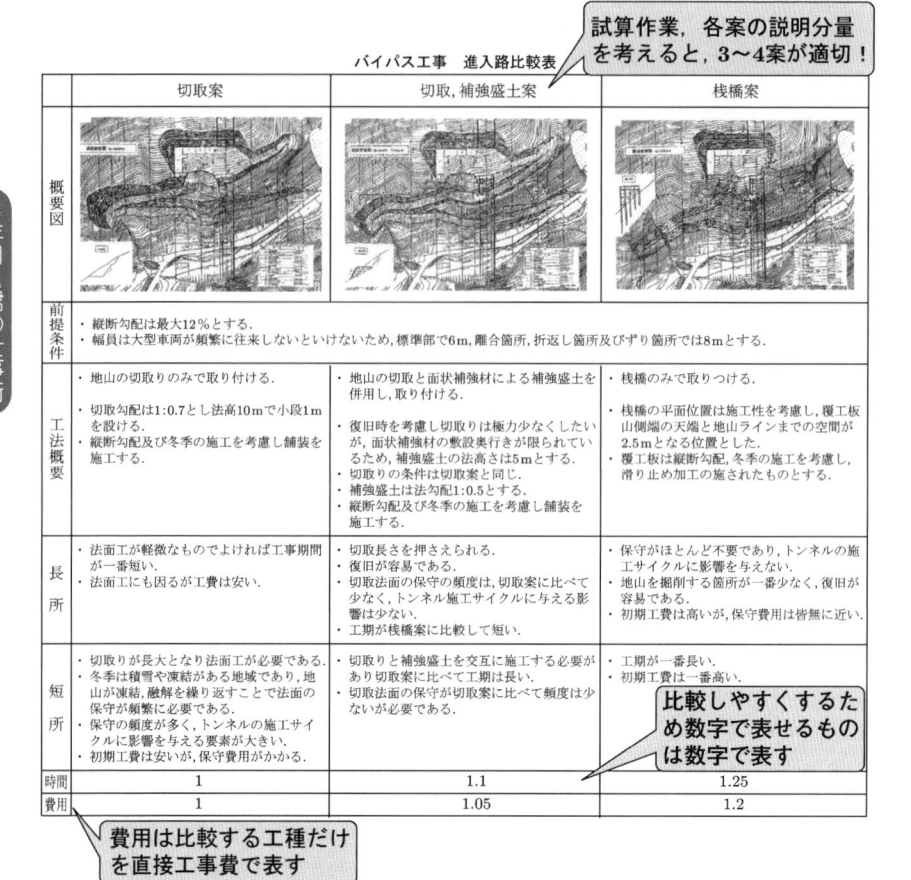

表的な図面，経済性，工事期間，さらに作業性，安全性，環境などの項目を挙げ，長所短所を検討します．作業性としては仮設ヤードの広さ，道路などの占有状況を，環境については騒音・振動，地盤の沈下などを比較します．支障物に対する対策などを，作業性のなかで比較することもあります．

　図の例のように，縦軸に長所短所という項目を設けて比較する場合もあります．

　案の数は3～4案が適当です．多過ぎると，余計な試算作業が増えますし，また一つずつの記入欄が小さくなって必要な説明が書き込めなくなり，それぞれの案の特徴を適切に示すことができなくなってしまう可能性があります．お

勧めの案を第1案とし，対案は特徴の異なる施工方法を選びます．恣意的に聞こえるかもしれませんが，比較表はいくつかのケースのなかから，この工法を選択したという説明資料なので，選択工法の良い面を強調することも重要です．

　コストや工事期間など，数字で表せるものはできるだけ数字で表現します．○×△の表現や比率はできるだけ避けます．図では比率ですが，概略でも，この段階で示せる精一杯の数字を示します．コストの場合，比較すべき工種だけを直接工事費で表すのがわかりやすく，全体の工事費で表すとコストの差が明確でなくなります．

5.4　施工計画書作成のポイント3：工程表

所長：監督署へ届ける型枠支保工の設置届出の書類だけど，この工程表じゃダメだね．
A君：全体工程表をつけたのですがダメですか？
所長：作業全体が1本のラインで表されているから，高さ3.5m以上の型枠支保工の設置がいつから始まり，いつ終わるのかわからないよ．

　工程表は施工計画の基本です．工事の工程表については第1講で説明しました．工程表は全体工程表，月間工程表，週間工程表という形で作成されますが，施工計画書に載せるのは全体工程表です．全体工程表はあまり細かいものではなく，工事全体の流れがわかりやすいものにしましょう．

　各種の届出に必要な工程表は，全体のなかから抜き出したものが必要になる場合もあります．騒音・振動規制法関連の届出なら，杭の打ち抜き作業工程がわかれば十分です．トンネル工事として監督署へ届ける場合などは，あらためて編集せずに全体工程表を使います．

　工事の全体工程表を作成したのち，主要資材の使用工程表，主要機械の作業工程表を作成します．

　機械工程表の作成にあたり，トラッククレーンのように必要なときだけリースで借りられる機械は別として，鋼矢板の打設や掘削など常駐する機械は，作業の流れを明確にする必要があります．このとき，一つの作業が終わったら次はどこを施工するかという順番を想定します．機械だけでなく，資材を転用して使用する場合も同様です．月間あるいは週間工程のレベルでは，ネットワー

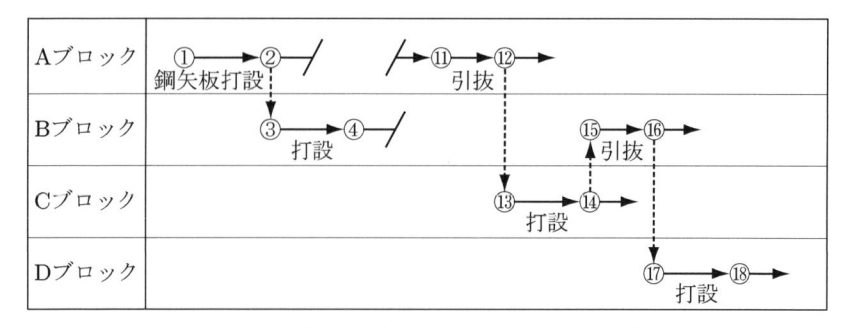

図 5.1　機械に着目したネットワークの例

クを使って細かく計画します（**図 5.1**）．これらの工程表は，積算に反映させます．**コストを低減するためには，機械の台数を少なくし，連続して使用すること，資材は転用回数を多くすることが有効な場合が多い**ようです．

　図では杭の打ち抜き機の流れを中心に書かれていますが，工事としては鋼矢板打設後に掘削工，土留支保工，さらに掘削工などが続きます．ただ，ここだけを細かく描くと，工事の全体工程がわかりにくくなるので，土留掘削工としてすっきりと少ない線で仕上げるのが良いでしょう．

　このように細かく描くかすっきり仕上げるかなど，目的によって工程表の書き方を変えます．

5.5　施工計画書の内容

A 君：工程表と施工方法だけで施工計画書として十分ですか？
所長：施工計画書の目的によって違うけど，工事着手前に監督員に提出する施工計画書には書かなければならない項目が規定されているよ．

　土木工事共通仕様書を開くと，施工方法や工程だけではなく，**表 5.3** の 17 項目が記載すべき内容として指定されています．まず，数量の総括表を含めた工事概要を記載します．工事を施工する場所はどこにあるのか，工事を行う上で注意を払わなくてはいけないポイントは何か，地質が影響する場合はその概要をまとめます．

　❶から⓫までは従来からの必要事項ですが，⓬以降は，近年の要求事項です．公共工事を取り巻く環境の変化に伴い，年々新しい項目が追加されています．

表 5.3 施工計画書に記載すべき内容（土木工事共通仕様書）

❶ 工事概要（数量の総括表など）	⓫ 交通管理（資機材の運搬経路，現場内の出入口位置・構造，案内標識・交通整理員の配置，車両制限令に基づく特車等の許可に関する事項など）
❷ 計画工定表	
❸ 現場組織表	
❹ 指定機械（騒音・振動・排ガス規制）	
❺ 主要船舶・機械	⓬ 環境対策
❻ 主要資材	⓭ 現場作業環境の整備（仮設，安全，営繕など）
❼ 施工方法(主要機械，仮設備計画，工事用地等を含む)	
	⓮ 再生資源の利用の促進と建設副産物の適正処理方法
❽ 施工管理計画（工程管理，品質管理，出来形管理，写真管理，品質証明）	
	⓯ 段階確認に関する事項
	⓰ イメージアップの実施内容
❾ 安全管理	
❿ 緊急時の体制及び対応	⓱ 安全・訓練の活動計画

施工計画の作成にあたっては，示方書類の改訂や，法律・条令の改正があった場合，新しい内容を盛り込むことが肝要です．

5.6 施工方法

A君：施工計画書に記載する必須事項（表 5.3）に❼施工方法がありますが，これは作業手順のことですか？

所長：施工計画書を作成する目的の一つは，積算への利用だよね．だから，人員の配置，使用する材料，使用する設備や機械の能力など，施工するために必要な情報はすべて盛り込む必要がある．どうやるかをイメージし，抜けがないように書くことで，積算の忘れを防ぐことができるよ．

(1) 機械・設備とその配置

施工方法では，工事の契約書にあるすべての工種について，施工機械，機械の能力，使用材料，配合，施工手順，工事用地内における機械の配置・設備の配置・人員配置などを記載します．

機械配置図などの施工計画図は，設計図面（CAD）を利用して作成するのが良いでしょう．**主となる機械・設備の能力を最大限発揮させる計画とするために，ダンプトラックの台数，コンプレッサーの馬力など従となる機械・設備の能力は主となる機械・設備の能力より大きく設定します**．これは，主となる機械・設備をフル稼働させるためです．

また，現場への資材・機械類の搬入にあたっては，5.2節「事前調査」で説明したように，道路状況を調査し，輸送計画を十分に練ります．昼夜間で，作業帯の使用方法が異なる場合は，昼夜で別々に機械の配置図などを作成します．

(2) 工事の手順

土木工事共通仕様書や特記仕様書で要求されている事項は，必ず記載しなければなりません．たとえばコンクリート工では，コンクリート標準示方書（施工編）の「コンクリート打込みには，請負者は1回（1日）のコンクリート打設高さを施工計画書に明記しなければならない」との記述に従い，基本の施工計画書においても，コンクリートのブロック割，リフト割付図を記載します（**図5.2**）．図の①〜⑥は，コンクリートの打設順序を示します．

また，コンクリートの打継ぎ部の処理方法など，設計図面に指定されていないものも必ず記載します．止水板の仕様など重要な事項は，指定されているものでも計画書のなかで再度示したほうが良いでしょう．使用する商品名などが決定している場合などは，その性能などを貼付します．

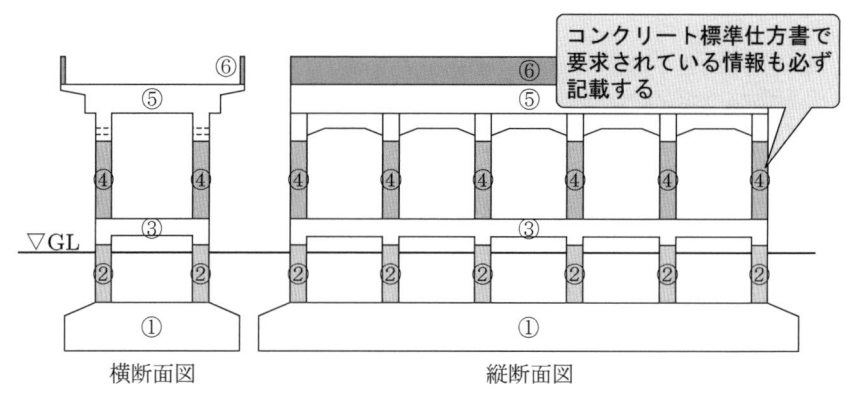

図5.2　リフト割付図

(3) 仮設備計画

仮設備とは，たとえば，工事用道路，受電・配電設備，土留支保工，足場，鉄筋加工場，宿舎など，目的とする構造物を建設するために必要な工事用の施設で，工事完成後に取り除かれるものです．シールド工事では，立坑部のエレベータを含む昇降設備，クレーン設備，排水処理設備，防音壁などが挙げられ

ます．仮設備でとくに重要なものについては，設計図面，特記仕様書などによって規定される場合もありますが，通常は施工者自身の技術力で工事が円滑に施工できるように決定します．

仮設備には契約により施工法・材料・数量などが指定される指定仮設と，施工者が決定する任意仮設があります．**指定仮設であっても，設計に対して不安のある場合，再度構造計算を試みて発注者と協議して変えることができ，設計変更の対象となります．**工事規模に対し過大に，あるいは過小にならないよう十分検討しなくてはいけません．仮設材料は，できるだけ一般的で汎用性のあるもので計画します．

5.7 ISO 対策

A君：ISOについてはどこで触れたらいいんですか？
所長：ISO14001は環境対策で，ISO9001は段階確認で述べればいい．
A君：段階確認とは，品質マネジメントシステムのことですか？．
所長：そうではないよ．発注者の監督員が行う業務の一つが段階確認なんだけど，段階確認の方法としてISO活用工事にすることが挙げられる．当社の品質マネジメントシステムの記録で代用するために必要な書類など，整理して記載することになるよ．
A君：ISO活用工事にしなければ不要ですね．
所長：いや，活用工事でない場合でも，施工計画書として立会い検査と自主検査は整理する必要があるよ．

表5.3のなかで，第4講で説明したISOに関連した項目は，「❽施工管理計画」，「⓬環境対策」，「⓯段階確認に関する事項」です．近年，これらの項目は注目されているため，内容を充実させておく必要があります．

(1) **施工管理計画**

施工管理計画として，ここでは，再生資源の利用の促進と建設副産物の適正処理方法について説明します．

建設工事における再資源化等率（＝再資源化量／廃棄物発生量）は，90％を超える水準にあります．とくに，建設リサイクル法で特定建設資材と定義さ

れているアスファルト・コンクリート，コンクリートのリサイクル率は，98％以上と高い状況です．リサイクル率の低かった建設発生木材や建設発生土に関しても80％を超える実績があがるようになりました．

> **建設副産物**：建設工事に伴って発生する土砂，コンクリート塊，アスファルト・コンクリート塊などのこと．原材料として再利用できるものは再生資源とよぶ．再利用できない汚泥などは廃棄物となる．

土木工事共通仕様書には，土砂，砕石または加熱アスファルト混合物を現場に搬入する場合，および建設発生土，コンクリート塊，アスファルト・コンクリート塊，建設発生木材，建設汚泥または建設混合廃棄物を工事現場から搬出する場合には，再生資源利用促進計画と**表5.4**の4項目を施工計画書に記載し，監督職員に提出しなくてはならないと規定しています．

表5.4　再生資源利用促進計画以外の記述内容

> ❶ 搬出伝票
> ❷ 産業廃棄物管理票（マニュフェスト等）
> ❸ 建設副産物搬出調書
> ❹ 建設発生土の搬出市町村に対する情報提供の実施

(2) 環境対策

環境対策については，典型7公害の項目ごとに説明するとわかりやすいでしょう．というのは，必ずしも7公害すべてが当てはまるわけではありませんが，何かないかと検討することで見落としていた項目が，検討すべきものとして見えてくる場合があるからです．法律では規制の対象とならないものでも，積極的に環境対策に取り組む姿勢が大切です．

表5.5に環境対策として検討すべき項目をまとめました．少し説明しておきます．

❶ 大気の汚染としては，重機やダンプトラックの走行に伴う土ぼこりの問題がよく起こります．散水，シートによる覆いなどの対策を計画します．
❷ 水質の汚染としては，河川への濁水の放流がよく問題になります．
❸ 地盤改良を伴う工事では，土壌の汚染について検討します．
❹ 騒音の発生源別にみた苦情件数のトップは自動車交通騒音ですが，2番目は建設作業騒音です．このように建設作業に対する苦情は多いので，法律の

表5.5　環境対策として検討すべき項目

項目	内容と対策
❶ 大気の汚染	・物の破砕，選別，機械的処理，土砂のたい積作業（1000 m²以上）に対する粉じん対策（大気汚染防止法）． ・解体する建造物にアスベストが使用されている場合の対策． ・近隣に対するほこり問題，散水などの対策． ・排出ガス対策型建設機械の使用．
❷ 水質の汚染	・特定施設として規制しているセメント製品の用に供する施設，生コン用バッチャープラント砕石業用水洗施設，水洗式分別施設，砂利採集業用の水洗式分別施設など砕石プラント（水質汚濁防止法）の対策． ・河川敷内の工事に伴う河川の濁り対策． ・土地造成工事や釜場排水に伴う沈砂槽． ・ダム建設工事に伴い発生するコンクリート洗浄水の処理方法． ・場所打ち杭工事などに伴う排水の水素イオン濃度の処理方法． ・シールド工事における水および掘削土の処理方法． ・トンネル工事や掘削のための排水作業で発生する水の枯渇対策．
❸ 土壌の汚染	・セメント及びセメント系固化材を土と混合して改良土を造成する工事（トンネル工事，場所打ち杭工事，薬液注入工事等）を行う場合，六価クロム溶出試験の実施と試験結果の添付． ・工場跡地などにおける汚染した土壌の浄化工事では揮発性有機化合物が発生する場合，掘削・運搬作業，仮置き時の飛散や浸透の防止対策．
❹ 騒音	・騒音規正法の「特定建設作業」に該当する杭打ち機・杭抜き機の作業，びょう打ち機・さく岩機を使用する作業，空気圧縮機を使用する作業では低騒音・低振動建設機械に認定された機種を使用し，作業時間を遵守する旨を明記する． ・コンクリートプラント，アスファルトプラントを設けて行う作業では騒音防止の方法． ・特定建設作業に指定されていなくても，シールドの発進基地全体を防音壁で囲うこと． ・住宅用地域では，一般の建設作業に対しても作業の開始・終了時間，搬入車両の待機場所でのマナーなど．
❺ 振動	・振動規制法で規制する特定建設作業として杭打ち機・杭抜き機の作業，鋼球を使用して工作物を破壊する作業，舗装版破砕機を使用する作業，ブレーカー（手持ち式のものを除く）を使用する作業の対策． ・圧入式の杭打ち機・杭抜き機を使用する必要があれば機種について，特定建設作業以外でも作業時間を定め，厳守するなどマナー． ・解体作業において，カッタの入れ方，静的破砕材の使用など振動を抑制するために工夫する方法． ・泥水式シールド工法の泥水処理プラントを設置する場合には，振動対策．
❻ 地盤沈下	・土留内部の掘削・排水作業が原因となる沈下や，軟弱地盤の盛土工事等に伴う沈下などが考えられ，家屋調査・地下水観測など事業損失防止として検討． ・鉄道線路の横断トンネル，交通量の多い交差点部のアンダーパス工事では地表面部の沈下量を最小限に抑えるための工夫だけでなく，自動的に沈下量を計測管理するシステムなどを計画する．
❼ 悪臭	・塗装の臭い，舗装の臭いなどの対策． ・建築物の解体や掘削に伴う悪臭の発生に対して，作業時間，囲い，換気，覆いなどの対策．
❽ その他	・樹木の移植，障害物，近接施工などに対する対策．

規制の対象外でも騒音・振動に対して配慮する必要があります．

❺　振動を回避する手段として，バイブロを使用しないプレボーリング工法や圧入工法などの杭の設置方法を選択します．しかし，シールドの泥水処理施設から発生する低周波の振動など，対策の立てにくい新たな振動問題も生じています．

❻　地盤沈下についてディープウェルによる排水，掘削に伴う山留背面の地盤沈下，トンネル掘削による地表面沈下など想定されるリスクに対して，対策を講じる必要があります．また，沈下を監視するシステムを計画します．

❼　悪臭に対して検討することは少ないと思いますが，工事の種類，施工場所の条件などによって発生する可能性を検討します．

(3) 段階確認に関する事項

発注者の監督業務として「指定材料の確認」，「段階確認」，「工事施工の立会い」の三つが挙げられます．

段階確認とは，施工の段階に応じて地質状況，形状寸法，鉄筋の組立て状況などを確認することで，監督員の立会いによるものと請負業者の責任において写真や報告書で代用するものとがあります．段階確認事項を整理して，段階確認予定時期を記した段階確認工程表を作成します．

国土交通省などの工事では，受注者が希望すると，ISO9001活用工事とすることができます．受注企業の品質マネジメントシステムの決まりに従って，自主的に検査した記録を段階確認などの監督業務に置き換えることができるため，業務の効率化が図れます．工事着手前に**表5.6**に示す品質管理計画表，品質管理記録表などを整理して，施工計画書として提出しなければなりません．

表5.6　段階確認に関する記述内容（ISO9001で要求している書類）

❶ ISO9001の認証取得に係る登録証の写しなど ❷ 品質管理計画表（段階確認事項，段階確認工程表） ❸ 品質管理記録表及び品質管理チェック表の様式並びに管理項目（配筋チェックシートなど）	❹ 内部品質監査実施計画 　（監査員氏名，請負者との関係，資格基準，監査予定日など） ❺ 監理技術者等のISO9001運用経験などを証する書面 ❻ その他必要な事項

5.8 安全管理

A君：安全管理としては，工事の内容によって特筆すべき作業手順や安全のための設備を施工計画書に書けばいいんですね？
所長：まずは社内のグリーンファイルや監督官庁への届出書類をそのまま挟み込むことを考えればいいよ．安全に関する組織や緊急時の体制など，あらゆる項目が網羅されているからね．

　表5.3の「❾安全管理」として要求されている内容は，工事全体にかかわるものです．安衛法88条に該当する工事の場合，二度手間にならないよう，届出の書類が施工計画書そのものであるように作成します．

(1) グリーンファイルなど社内の様式

　どこの会社にも安全に関する書類として，社内の様式があります．組織に関すること，緊急時の体制，工程表とリンクした月別の安全スローガン，作業標準など，社内の様式をそのまま施工計画書に利用します．

　このほか，現場の状況に応じた防護柵の配置状況，歩行者通路，誘導員の配置，民地の出入口の状況などを記載すれば良いでしょう．

(2) 労働安全衛生法第88条

　建設業に属す事業のうち，安衛法88条で規定している届出は，労働基準監督署長に対するものと，厚生労働大臣に対するものがあります．

　安衛法88条4項では，**表5.7** 左列に掲げる仕事を開始しようとするときは，仕事を開始する日の14日前までに，その計画を労働基準監督署長に届け出なければならないとしています．安衛法88条3項では，事業者が，表5.7右列に示す「建設業に属する事業の仕事のうち重大な労働災害を生じる恐れがある，とくに大規模な仕事を開始しようとするときは，仕事を開始する30日前までに，厚生労働大臣に計画を届け出なければならない」としています．

　このほか，支柱の高さが3.5 m以上の型枠支保工，高さが10 m以上の足場，吊り足場，張出し足場（組立てから解体までの期間が60日未満のものは適用除外），あるいはクレーン等安全規則で指定された設備など，労働基準監督署長に届け出なければならない作業があります．

表 5.7 労働安全衛生法 88 条で届出が義務づけられている工種

届出先	労働基準監督署長	厚生労働大臣
建築物または工作物	高さ 31 m を超える建築物（橋梁を除く）の建設，改造，解体又は破壊	高さが 300 m 以上の塔の建設
ダム	なし	堤高が 150 m 以上のダム
橋梁の建設	・最大支間 50 m 以上の橋梁 ・最大支間 30 m 以上 50 m 未満の橋梁の上部構造	最大支間 500 m（つり橋にあっては 1000 m）以上の橋梁
ずい道	すべてのずい道（ずい道とはトンネルのこと）	・長さが 3000 m 以上のずい道 ・長さが 1000 m 以上 3000 m 未満で，深さ 50 m 以上のたて坑の掘削を伴うずい道
地山の掘削	掘削の高さ又は深さが 10m 以上である地山の掘削の作業（掘削機械を用いる作業で，掘削面の下方に労働者が立ち入らないものを除く）	
圧気工法	すべての圧気作業（ニューマチックケーソン，圧気シールドなど）	0.3 MPa 以上の圧気作業
その他	・石綿等の除去の仕事 ・（ダイオキシン）廃棄物焼却炉，集塵機等の設備の解体 ・高さまたは深さが 10 m 以上の土石の採取のための掘削 ・坑内掘りによる土石の採取のための掘削	

(3) 届　　出

　労働安全衛生規則第 91 条には，これらの届出に必要な書類として機械・設備の配置図，工法の概要，災害を防止するための方法・設備，工程表などを要求しています（**表 5.8**）．安全に関する事項が主体ですが，施工計画書と共通の事項がほとんどです．このため，施工計画書は，届出の書類を意識して作成し，抜き出せば届出書類になるように構成すると効率の良いものになります．

表5.8 建設業にかかわる計画の届出に必要な書類一覧

❶ 仕事を行う場所の周囲の状況及び四隣との関係を示す図面
❷ 建設等をしようとする建設物等の概要を示す図面
❸ 工事用の機械，設備，建設物等の配置図面
❹ 工法の概要を示す書面又は図面
❺ 労働災害を防止するための方法及び設備の概要を示す書面又は図面
❻ 工程表

課題 いまの現場では契約後に，発注者に提出した施工計画書は活用されていますか．活用されている場合，そうでない場合，どちらも原因を考えてみましょう．

第5講のまとめ

1. 施工段階で必要になる書類を事前にとりまとめたものをもとに，施工計画書を作成する．
2. 機械工程表や資材工定表を作成することで，機械の流れを効率良くしたり，資機材の転用回数を増やしたりすることができ，コストダウンを図れる．
3. 施工計画書のなかで，建設副産物の処理，環境対策などISO関連の内容は充実させる．
4. 安全管理では，グリーンファイルなど社内の様式をそのまま施工計画書として利用する．

施工計画書の重要性はわかりましたか．次に施工計画書を作成するときは，みんなに活用される施工計画書となるように工夫して作成してみましょう．

第6講 原価管理 1

建設会社の利益は現場から生み出されます．原価のしくみを知ることで，利益を生むためにはどうすれば良いかがわかります．入札時の予定価格はどのように積算するのか，仕事を契約したあとの予算書（実行予算）はどのように作るのか，といったことを建設エンジニアは知っておかなければなりません．これは，利益に直接つながる話です．

工事費の構成や用語の意味は，実際に積算業務に携わってみないとわかりにくいものです．まずは，予算書（積算あるいは見積り）の作り方など基本的なことから原価管理の手法を学びます．

6.1 原価のしくみ

A君：直接費と間接費や，「あらり」と利益の違いがいまいち理解できません．それに，入札のときの工事費はどうやって決めているんですか？

所長：工事費の構成や用語はわかっているかい？

A君：工事費の構成のなかにはいろいろな管理費があるようですし，共通仮設という用語もイメージできません．

所長：では，まず用語の意味を説明し，積算方法を教えてあげよう．ここがわかると積算がおもしろくなるよ．それと，積算した金額の下げ方を伝授する必要があるね．

(1) 原価とは

原価とはものを作ったり，仕入れたりするときに掛かった費用全体のことです．一般的にものの値段は，「原価＋利益」で決まります．

商品を仕入れて売る場合の原価を仕入原価とよび，仕入値段と付随費用を合計したものです．ものを作って売る場合の原価は製造原価とよばれ，材料，労務費，機械，電気代などを合計したものです．建設業における原価は，製造原価の一つですが，これを**工事原価**とよびます．

(2) 工事原価

説明したように，製造原価は「材料費」，「労務費」，「経費」の三つの要素で構成されます．材料費とは，ものを製造するために使用する材料の費用のことです．また，労務費とは，製造や建設にあたる人の給料など人件費です．材料費，労務費以外の費用は経費とよび，たとえば外注加工費，設計費，減価償却費，賃貸料，保険料，修繕料，ガス代，電気代，租税公課などが挙げられます．

これに対して，**工事原価は材料費，労務費，経費に「外注費」を加えた四つの要素に分けられます**．これは，建設業法で完成工事原価をこれら四つの項目に分けて報告するように定めているためです．外注費とは，工事の工種あるいは工程の一部を外部の業者に発注し，実施させた場合の支払い額のことで，本来は経費のことですが，工事原価の半分近くを占めることがあるので抜き出すようになっています．建設業では，売上高にあたるものを完成工事高とよび，工事が完成した時点で支出した工事原価を「完成工事原価」として処理します．

図 6.1 は，建築工事の原価構成の例です．完成工事原価に含まれる外注費の割合は 50％を超えています．建築工事が，電気，設備，内装など，外注工事が多業種にわたる固有の形態のためです．土木工事の場合は，建築工事と比較して外注費の割合が小さいのが普通です．舗装工事，薬液注入工事など，専門業者に注文する工種が増えると，外注費の割合が大きくなります．

(3) 直接費と間接費

原価には「直接費」と「間接費」があります（**図 6.2**）．どの工種にいくら掛かったか直接つかめるのが直接費です．これに対して，電気代，水道代，酸素・アセチレン代など複数の工種にまたがっていて間接的にしかつかめない原価が間接費です．直接つかめるものでも，金額が小さくて計算の手間に見合わないものも間接費に仕分けます．

一般的に，材料費や労務費は直接費としてつかめる割合が多く，経費はほと

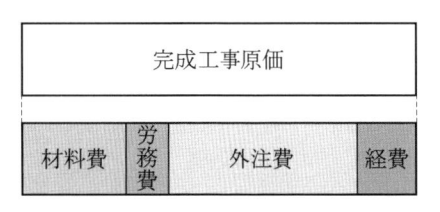

図 6.1　建築工事の原価構成の例

図 6.2　直接費と間接費の関係

んどが間接費で扱われます．しかし，特定の工種に要する外注費，設計費，特許使用料などは，直接費（直接経費）で仕分けます．

(4) 粗利益とは

実際に掛かった費用全体を総原価とよびます．これに利益を加えると，請負工事費になります（図 6.3）．

総原価には工事原価だけでなく，工事を入手するために掛かった費用（営業部員の給料，広告宣伝費，交際費など）である「販売費」，人事・企画・経理・総務などの一般管理業務について掛かった費用（本社経費，部門経費，経営費など）である「一般管理費」などが含まれます．

ここで，「粗利益」を，次式のように定義します．

$$粗利益 = 請負工事費 - 工事原価$$

つまり，粗利益とは，利益と販売費，および一般管理費の合計のことです．

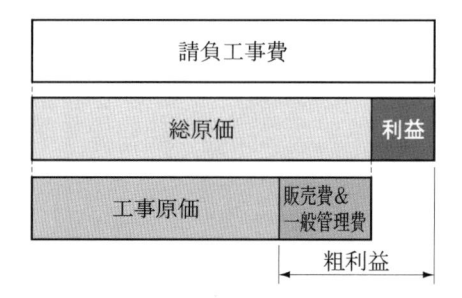

図 6.3 請負工事費の構成

6.2 固定費と変動費

A 君：原価を固定費と変動費に分ける理由はなんですか？

所長：原価を固定費と変動費に分けることでいろいろな分析をすることができる．むだを発見したり，利益を予測するだけでなく将来，別の現場で使えるデータにしておくためでもあるんだよ．

原価は「固定費」と「変動費」に分けることができます．固定費とは，フル稼働しても工事を休止していても一定に発生する費用のことです．一方，変動

費とは，現場の出来高に応じて増減する費用で，材料費などが相当します．

固定費が大き過ぎる場合，固定費を下げる工夫が必要です．たとえば大手ゼネコンは，スリム化と下請けの選別化に取り組んでいます．会社として建設機械を保有しない，資材置き場を廃止しリースを活用するなどは，スリム化の一例です．発注者側はCM（第12講で説明）の導入などを試みています．

原価を固定費と変動費に分けることで，以下の計算が可能になり，原価を計画や意思決定の材料として活用できます．詳しくは第7講で説明します．

❶ 直接原価計算ができる
❷ 損益分岐点分析ができる
❸ 適切な利益計画・予算が立てられる

6.3 予算書

A君：発注者も積算しますし，ゼネコンも積算します．一つの工事でいくつも予算書があることになりますね．
所長：それぞれが予定金額，入札金額に反映されるんだよ．
A君：そして契約金額が決まるんですね．
所長：工事を受注すると，もう一度実情に合わせて，実際に工事を担当する者がいくらでできるか詳細に予算を立てるんだよ．この段階で，契約金額に対して具体的にどれくらい利益を上げられそうか，わかるんだね．

工事が計画され完成するまでの間に，いくつもの予算書が作られます．公共工事では，図6.4のように，まず概略設計がなされ，詳細設計に基づいて発注者が積算を行い，工事の予定価格を決めます．

建設業者は工事を入手するために積算をします．これを見積りといいます．通常，営業部や積算部といった組織で積算されますが，工事を入手した場合に実際に担当する責任者が加わることも多いようです．発注者側で工事費の構成が提示されている場合は，その体系に従って積算します．いくつかの土木工事

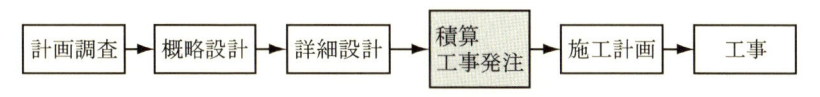

計画調査 → 概略設計 → 詳細設計 → 積算 工事発注 → 施工計画 → 工事

図6.4 設計から施工の流れ

の積算ソフトが販売され，発注者の立場になって積算することが可能です．

　工事を受注後，実際に工事現場に配属になった社員が，工事着手前に自ら立てた施工計画に従い，積算をやり直すのが実行予算です．機械の台数，配属社員の人件費など，工程に合わせて細かく積み上げます．請負金額と比較することで，利益の見込みを立てることができます．

6.4　工事費の積算

A君：役所の予定価格がつかめるんですか？
所長：「積算基準」どおりやればピタリだ．いまは，積算ソフトが市販されているから，積算業務がずいぶん楽になったね．
A君：それじゃ，各社とも同じ金額にならないですか？
所長：そのとおり．そこで各社とも安くできる工夫をするわけだね．

　まず，発注者側の工事費を積算する手順について説明します．「国土交通省土木工事積算基準」には，工事費の積算基準が示されています．

　たとえば，鋼矢板で土留を行う場合，仮設工，鋼矢板工（油圧圧入工）を開くと，**表6.1**，**表6.2**のような標準歩掛が載っています．鋼矢板Ⅲ型，圧入長10 m，400枚を打設する場合，表6.1より歩掛として1日20枚圧入可能なことが求まります．また，表6.2には鋼矢板圧入作業の作業員編成が示されています．世話役，特殊作業員が1人，とび工が2人これに圧入機械が1台，クレーン1台もよみとれます．

　表6.2の各式に，$N = 20$を代入すると作業員の人数が求まり，これに物価版などで求めた単価を掛け合わせると工事費が求まります．このように，だれが積算しても同じ金額になるしくみになっています．

表6.1　油圧式杭圧入工の歩掛

油圧式杭圧入引抜機による圧入　日当たり施工枚数（N）　　　　（枚／日）

圧入長(m) 鋼矢板形式	2以下	4以下	6以下	9以下	12以下	16以下	20以下
Ⅱ・Ⅲ・Ⅳ・Ⅴ型	51	43	33	26	20	16	13
Ⅱw・Ⅲw・Ⅳw型	46	39	29	22	17	14	11

Ⅲ型，長さ10 m

表6.2 油圧式杭圧入工の編成

油圧式杭圧入引抜機による鋼矢板圧入10枚当たり単価表

名　称	規　格	単位	数量	摘　要
世話役		人	$\frac{10}{N} \times 1$	Nに枚数を入れる
特殊作業員		〃	$\frac{10}{N} \times 1$	
とび工		〃	$\frac{10}{N} \times 2$	
油圧式杭圧入引抜機運転	排出ガス対策型 油圧伸縮ジブ型25t吊	日	$\frac{10}{N}$	
ラフテレーンクレーン賃料		〃	$\frac{10}{N}$	
諸雑費		式	1	労務費,機械賃料,機械損料の合計額に0.2%を上限に計上
計				

表6.3は積算例で,工事費の内訳書と代価表の一部が記載されています.内訳書には工種別に「数量×単価」の形式で金額が表されています.摘要欄を見ると,それぞれの単価は,どの代価表で求められたものかがわかります.ちなみに鋼矢板圧入工の単価は第1号代価に記載されて

代価：工事単価の積算根拠となるもの.

表6.3 積算例

本工事費内訳書

費目・工種・種別・細別・規格	単位	数量	単　価	金　額	摘　要
鋼矢板圧入工 陸上施工 $L=12\text{m}$以下 $N=30$以下 150t級	枚	25	19,720	493,000	1号代価表
切梁・腹起し設置撤去 設置	t	37	16,116	596,292	2号代価表
鋼矢板 3型 360日 12m 重作業 69枚 1回	式	1		2,476,317	3号代価表
鋼矢板圧入工 陸上施工 $L=12\text{m}$以下 $N=30$以下 150t級	代価表（第1号）				10枚当たり

代価表（1号）を見て下さい

	単位	数量	単　価	金　額	備　考
土木一般世話役	人	0.50	22,600		
特殊作業員	人	0.50	19,100		1号単価表を使いました
とび工	人	1.00	20,400		
油圧式杭圧入引抜機 150t級排出ガス対策型	日	0.50	156,942		1号単価表

いて，単価の構成が示されています．さらに，油圧式杭圧入引抜機の単価は，1号単価表を参照するように示されています．

6.5 請負工事費の構成

A君：現場管理費や一般管理費とは何ですか？
所長：作業所の社員の給料などは現場管理費，本社や支店の必要経費などは一般管理費というよ．これらは一つひとつ積み上げなくても，経費率で計算することができるよ．
A君：経費率ですか……？
所長：工種と工事費によって変わるけど，諸経費率早見表をみればわかるよ．
A君：河川工事で700万円以下だと24.0％ですね（平成12年）．金額のイメージがつかめました．それに工事費が大きくなるほど経費率は小さくなるんですね．

　杭を打設したり，穴を掘ったり，コンクリートを打設したりなど，構造物などを造るための工事費用を直接工事費とよびます．しかし，直接工事費だけが工事金額ではないことはすでに述べました．
　図6.5は，発注者の積算体系です．左側からみていくと，請負工事費には消費税相当額が含まれていることがわかります．工事価格とは，工事原価に一般管理費を加えたものです．直接工事費と間接工事費を合わせたものを工事原価とよび，これに経費率を掛けたものが一般管理費です．
　間接工事費は，共通仮設費と現場管理費に分類されます．直接工事費と共通仮設費の合計を純工事費とよび，現場管理費は純工事費に経費率を掛けて決め

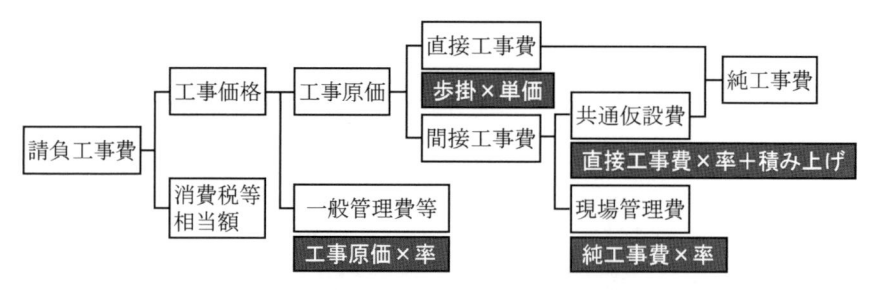

図6.5　公共工事費の積算体系（発注者の積算体系）1

ます.

　経費率は工種や純工事費の金額によっても異なり，15％程度から40％程度までまちまちです．積算体系の用語について**表6.4**にまとめます．

　さらに，直接工事費を分解して示したのが図6.6です．直接工事費は材料費，労務費，直接経費の3要素からなります．直接経費は工事を施工するのに直接必要となる経費で，機械経費，水道光熱電力料，特許使用料などです．繰り返しになりますが，図6.1は請負者側が行う原価の仕分けで，図6.5は発注者側の積算体系です．発注者側の積算体系には，外注費はありません．

表6.4　積算体系の用語の説明

用　語	説　　明
直接工事費	工事を施工するのに直接必要な費用であり，歩掛×単価で計算する．歩掛とは施工単位ごとに必要な労力，資機材の数量であり，労務単価は賃金台帳をもとに実態調査したもの，資材単価は物価調査機関が実施した市場の取引価格を使用する．機械経費は請負工事機械経費積算要領に基づいて求めた損料やリース価格を用いる．
共通仮設費	施工に共通的に必要な経費（機械器具等の運搬費，調査・測量等の準備費，工事施工に伴って発生する地盤沈下・騒音など未然に防止するための事業損失防止施設費，工事現場の安全対策に要する安全費，現場事務所の営繕費，役務費，技術管理費）であり，直接工事費×経費率＋積上げにより計上する．
現場管理費	工事を監理するために必要な費用（現場社員の給与，労務者の交通費，安全訓練費，労災保険等の法定福利費）であり，（直接工事費＋共通仮設費）×経費率により計上する．
一般管理費	本支店での必要経費，調査研究費，公共事業としての適正利益などであり，工事原価×経費率で計上する．

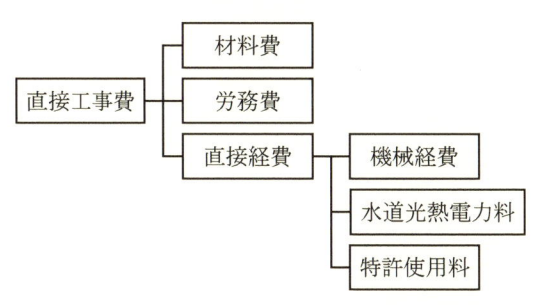

図6.6　公共工事費の積算体系（発注者の積算体系）2

6.6　ユニットプライス型積算方式

A君：新工法は積算基準に載っていないですが，どうしたらよいでしょうか？
所長：業者から見積りをとるしかないね．役所も，自分たちの基準で単価を作ったりせず，同じように見積りをとって決めているはずだからね．

　標準工法の場合，積算は歩掛に基づいて労務単価や資材単価を積み上げる方式をとりますが，新工法に対しては対応しにくい面があります．標準歩掛が確立されていない新工法に対しては，受注者の取引価格そのものを直接，積算に反映させるほうが，積算業務の効率化や積算の透明性向上につながると考えられます．このしくみをユニットプライス型積算方式とよびます．

6.7　見積書の作成

A君：落札するためには，少しでも他社より安い価格を提案しないといけませんが，何％くらい安くすればよいのでしょうか？
所長：その考え方は間違っているよ．落札するためだけに価格を安く設定するというのでは，単なるコストダウンでしかない．われわれ技術者はどうやったら技術的に安価にできるかを説明できなくてはいけない．工程にむだがないかを考え，本当にいくらでできるかとことん詰めて，その上で落札価格を決定するんだ．

　「国土交通省土木工事積算基準」に従い積算すると，工程表がなくても，数量と簡単な施工計画（使用する機械などの条件）があれば，だれが積算しても似たような数字で積算は可能です．このため，予定価格を予想することはできます．しかし，落札するためには，積算標準的な積算ではなく，少しずつ工夫を積み重ねて安く価格を設定するよう努力します．たとえば，次のような工夫があります．

❶　単価を下げる
❷　施工方法を考える
❸　機械工程表の利用
❹　率でなく積み上げる

(1) 単価を下げる

単価を下げるとは，材料費や労務費を値切ることではなく，工事数量を大きくすることです．

表6.5は，コンクリート工の標準歩掛を示しています．$100\,m^3$ のコンクリートを打設すると世話役が1.4人，$200\,m^3$ のコンクリートを打設すると2.8人の世話役がかかわることが読み取れます．

ところが，実際にコンクリートを打設する費用は，コンクリート数量にかかわらず回数として発生する金額です．コンクリートを打設するのに，1日 $100\,m^3$ 打設しようが $200\,m^3$ 打設しようが手間はあまり変わりません．ポンプ車は1台必要だし，筒先の作業員も1人か2人必要です．コンクリートを打設する作業員も1班（世話役は1人），4～5人が同じように必要です．

このように，人件費など工事数量に関係なく一定額（固定費）であると考えると，コンクリートの打設1回当たりの工事数量を大きくすることで，単価を下げることが可能になります．表6.5から算出される人数は，積算のための数字であり，実態とは異なることを理解してください．

表6.5　コンクリート工歩掛

無筋・鉄筋構造物コンクリートポンプ車打設歩掛 $10\,m^3$ 当たり

名　称	単位	設計日打設量	
		$10\,m^3$ 以上 $300\,m^3$ 未満	$300\,m^3$ 以上 $600\,m^3$ 未満
世話役	人	0.14	0.04
特殊作業員	〃	0.40	0.20
普通作業員	〃	0.54	0.22
コンクリートポンプ車運転	h	1.03	0.27

(2) 施工方法を考える

コンクリート圧送業者との契約もコンクリート数量に対する単価契約をします．このとき $100\,m^3$ 以上打設しない場合は○○円保証するといった条件がつくのが普通です．このため，コンクリート打設箇所のロット割を大きくしたり，

数箇所を同じ日に打設したりするなど，1日当たりに打設するコンクリート数量を 100 m³ 以上にするといった工夫をすることで，1 m³ 当たりの単価を大きく下げることができます．

このように工事費を下げるためには，施工方法や施工手順の改善を試みます．積算時にコンクリート打設のロット割を検討した施工計画，コンクリートの打設日の入った工程表を立てることなどが重要であることがわかります．

(3) 機械工程表の利用

「積算基準」により工事費の積算をしていくと，作業員の編成人数や機械の台数が自然に決まりますが，正確に機械工程表を作成し，効率の良い施工順序になっているかどうか，むだな作業員や機械が計上されていないかをチェックする必要があります．機械の台数は少ないほど効率が良く，コストも低減できます．機械の台数が増えれば，機械の搬入搬出費も台数に応じて発生します．

資材の場合も主要資材工程表を正確に作成します．資材の荷卸し，積み込み，運搬の費用だけでなく，修理費まで発生するため，転用回数が多くなるような計画を心掛けます．材料が多くあると使用せずに遊んでいる時間も多くなるので，この点も注意しなければなりません．

(4) 率でなく積み上げる

「積算基準」では，間接工事費，一般管理費を率で計上しています．このため，現場の実態に合っているとは限りません．実行予算を作成する場合には，職員の数を予定して，実際に発生する給料を計算しているはずです．このように実情に合った費用を入れることで費用を下げることが可能な場合もあります．

6.8 決　裁

A君：見積金額をいろいろと見直してみたら，ずいぶんと安くなりました．これだけ安ければ落札できそうですね．

所長：まだまだかもしれんぞ．決裁は支店長が行うが，実質は部長に任されているからな．部長のところで，さらに下げさせられることがあるぞ．

A君：これ以上下がった金額での原価管理は大変そうです．

所長：そういうときこそ腕の見せどころだよ．

工事の入札に対し，図面，仕様書をもとに材料・労務・経費（機械など）の数量を拾い，現場の条件に合った単価を求めます．外注費に対しては，2～3社の見積りを入手することがあります．これを合見積りとよび，多くの情報を集めることで，市場に合った費用が設定できます．

工事の明細書の例を表6.6に示します．これに現場経費，現場人件費を加え，各会社で決められたルールに従って本支店の経費を加えます．

担当者の見積りに対し，経営者の決裁を受け，入札を行います．この段階までは原価管理とはよびません．工事を応札した段階から原価管理は始まります．

表6.6 工事費の明細書の例

名　称	単位	数量	単価	材料費	労務費	外注費	経費
コンクリート	m³	3000	13,200	36,000,000	1,500,000	2,100,000	

課題 毎月求めている歩掛を標準歩掛と比較してみましょう．大きく違うようなら原因を分析します．

第6講のまとめ

1. 販管費を賄う原資として重要な粗利益を上げるためには，工事原価を安くする必要がある．
2. 工事費の積算で用いる歩掛は標準的なものであり，工夫により価格を下げることができる．
3. 価格を下げるためのポイントは，❶単価を下げる，❷施工方法を考える，❸機械工程表の利用，❹率でなく積み上げることにより価格を下げる，である．

施工計画，工程表をフル活用すれば，積算した金額は下げることができます．金額の多いものから順に見直してみましょう．

第7講 原価管理2

　原価管理とは，原価のなかのむだを省くことです．このためには，正しく原価計算をできる必要があります．原価のむだを見つけたら原因を追究し，対策を講じます．さらに原価管理には，次の仕事を入手するためのデータを集めることも含まれていると心得てください．

　前講では，工事の入札に参加するまでの積算について学びました．今回は，工事を受注したあとの，実行予算の組み方と原価管理を学びます．

7.1　原価管理とは

　工事を落札したM建設の現場が動き出し，毎月の支払いも増えてきました．ところが，支店の土木部長から「原価管理はできているのだろうね」という問いかけに，A君はどう答えていいかわからず戸惑ってしまいました．

所長：土木部長の質問の意図は，実行予算どおりに進行しているかをチェックしているのかということだね．

A君：下請には請書の範囲内で支払っていますから大丈夫だと思います．

所長：そういうことではないよ．実際に原価計算をすることで粗利益を確認し，さらに利益を出す工夫をしているのかを聞いているんだよ．

> 請書：注文書に対して承諾する文書．建設業法で建設工事の契約書として義務づけられている．

　原価計算には標準原価計算，実際原価計算，直接原価計算の3種類があります．それぞれの内容を表7.1にまとめました．標準原価計算とは，実行予算のことです．現場で行う原価管理は実際原価計算までで原価を固定費と変動費に分ける直接原価計算は経営の判断に使う目的で行います．

　現場では工事に着手したあと，ある時点で実際原価計算を行い，標準原価計算に対して，予算や計画とのずれを把握し，損益の予測を行います．次に，評価を行います．損益の差が小さい場合には当初計画どおりに工事を進め，差が

表 7.1　原価計算の種類

原価計算の種類	説　明
標準原価計算	一種の目標値であり，原価が発生する前に決める．工事現場では実行予算がこれにあたる．目標を立て実際の原価と比較，管理する．
実際原価計算	実際に発生した原価である．
直接原価計算	決算書をつくるしくみとは関係がない．限界利益という概念で，製品の採算性をみることができる．

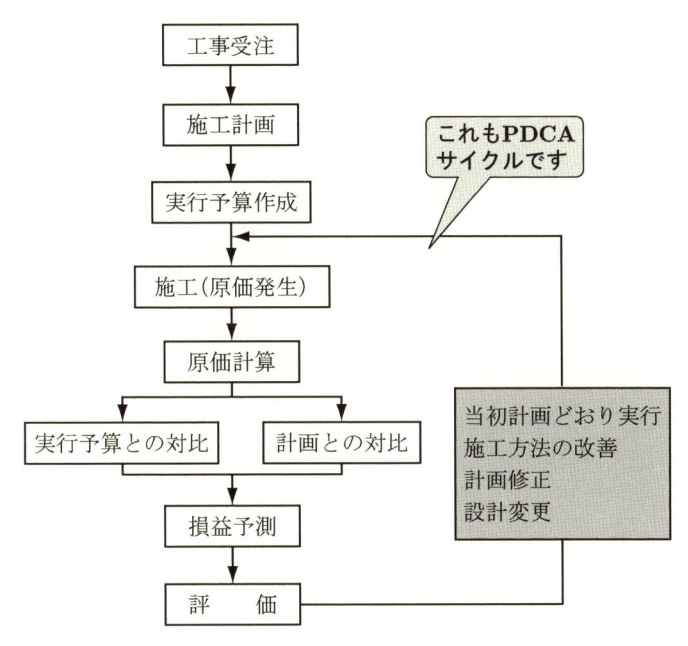

```
工事受注
   ↓
施工計画
   ↓
実行予算作成
   ↓ ←──────────────┐
施工(原価発生)         │  これもPDCA
   ↓                  │  サイクルです
原価計算               │
   ↓                  │
実行予算との対比  計画との対比
   ↓                  │
損益予測               │
   ↓                  │
評　価              ───┘
```

当初計画どおり実行
施工方法の改善
計画修正
設計変更

図 7.1　原価管理の流れ

大きい場合には施工方法を改善するなどして，計画を修正します．設計変更をする場合もあります．これらを原価管理といいます（**図 7.1**）．

7.2　標準原価計算

A君：実行予算書として，入札の予算書をそのまま使えないのはなぜですか？
所長：入札のときは短期間で，下請も決まらないまま見積もっているよね．そ

れに積算のプロが計算したものが多く，画一的なものが多いんだよ．
A君：それで現場の担当者自身が行うわけですね．
所長：現場の理解の仕方も違うし，自分の考えも積算に反映できる．それに，何かあったとき人のせいにせず，きちんと処理をするだろうからね．

　新しい作業所の組織が編成され，実際に工事を担当する技術者が，自ら作成した施工計画書，および下請業者や外注業者の実情に合わせて積算したものが実行予算（標準原価計算）です．標準原価は，実際の原価が発生する前に決めたものなので，一種の目標値ですが，担当者の決意が組み込まれていて，工事完成時の粗利益を予測することができます．
　標準原価計算は，実際原価計算と比較するため，標準原価はできるだけ以下の式で表します．

$$標準原価 = 単位原価 \times 数量$$

ここで，単位原価は原価標準とよばれ，単位数量当たりの目標とする原価です．単位原価を決めるにあたっては，まず一位代価表を作成します（表6.3）．原価管理に利用するため，内訳書はできる限り施工方法を表現するようにします．
　実行予算を作成する上での留意点を**表7.2**に費目別に示します．あとにチェックするときのことを考え，材料費の数量はロス率を見ているかなど根拠を明確にします．経費もできるだけ実態のわかるように，率ではなく必要な金額を積み上げます．

表7.2　実行予算作成の留意点

費　目	ポイント
材料費	実行予算書の数量は設計数量とは異なる．設計数量にロス率を見込んだものであり，どの程度見込んでいるかは根拠を明確にする．また，資材メーカーなどから見積をとり，実勢価格を入力する．社内資材を利用する場合は社内損料を使う．
労務費	労務費の人工数は積算基準の数字とは異なる．積算基準では標準的な工事の歩掛を示しているので小数で表すものもあるが，実行予算における人工は整数である．
経　費	見積り段階では率で計上していた項目も，施工計画に合わせて積み上げる．ただし，理想を追求しすぎて達成不可能にならないように，ある程度の余裕をみる必要がある．

7.3 実際原価計算

A君：請書の数量で支払う工種でも，作業員の出面を集計するんですか？
所長：もちろん集計するよ．下請にも利益が出ているかなど，真実の原価を把握する必要があるから，大事なことなんだよ．

(1) 出面集計

原価を正確につかむために実際原価計算を行います．実際にかかっている人数が出面で，これに労務費を掛け合わせたものが原価です．工種ごとに，現場で実際に働いている作業員を数える方法として，下請が毎日提出する作業日報で管理することもあります．

鉄筋工事のように請書契約を交わした工種でも，実際にかかった鉄筋工の人数を把握しておくことは重要です．下床の鉄筋と柱・壁の鉄筋，あるいは階段の鉄筋では，手間が異なります．また，世話役や，鉄筋加工場の鉄筋工の人数をどの工種に割り振るかなどは，あらかじめ配賦基準を決めておきます．これらのデータの蓄積が原価管理をする上で役に立ちます．

(2) 出来高

通常，毎月月末に完成品の数量を求めます．鉄筋工事の場合，仕掛かり品とよばれる組立て途中の鉄筋があり，これを仕上がり程度の割合で完成品換算量に置き換える必要があります．型枠工事の場合，コンクリートの打設ブロックに合わせて数量を計算するのが良いでしょう．型枠の出来高数量は組立てと解体にかかる型枠工のおよその割合を把握した上で，たとえば7：3で配賦します．

鉄筋工や型枠工の場合，あらかじめ数量計算書からブロック別，部位別の数量表（**表7.3**）を作成しておき，その数字で支払いを行うようにすると，工事の最後になって下請と数量の増減でもめることはありません．コンクリートの労務費も同様で，設計数量をA，B，Cのようにブロック別に表し，その数量の範囲内で支払います．材料のロス分まで支払う必要はありません．

> **例** 壁の型枠が 500 m^2 のとき，組立が完成していた場合には，$500 \times 0.7 = 350 \text{ m}^2$ を出来高として計上します．

表7.3 鉄筋のブロック別数量

	A	B	C	D	合計
下床	179	177	182	178	
ハンチ	31	32	34	31	
柱，壁	400	381	380	405	
上床	164	162	160	164	
階段，通路	2	2	5	2	3071 t

（A列：この数字で支払う／合計：下請との取り決め数量）

(3) 実際原価

完成した工事に対し，実際にかかった原価を集計し，その原価合計から，次式のように，実際原価の単位原価を算出します．

完成品原価 ÷ 完成品数量 ＝ 単位原価

> **例** Aブロックの下床鉄筋の出来高数量が250 tで，鉄筋工の原価が700万円の場合，単位原価は以下のようになります．鉄筋の出来高として，表7.3に示した数量のうち，下床，ハンチを100％，柱，壁の数量のうちすでに組立てられた鉄筋として10％を計上しています．
>
> $7000000 \div (179 + 31 + 400 \times 0.1) = 28000$ 円/t

(4) 原価差異

実際原価から標準原価を引いた差額を原価差異とよびます．原価差異がプラス，つまり予定より費用が増えた場合を「不利差異」とよび，原因を追求します．分析を進める上で，原価差異を直接材料費，直接労務費，間接費に分け，それぞれの発生原因にさかのぼって分析します．

直接材料費差異の場合，材料を予定より多く使っている「数量差異」なのか，材料を高く買っている「価格差異」なのかを調査します．直接労務費は「直接作業時間差異」と「賃率差異」に分けて分析できます．直接作業時間に差異がでていれば，作業員にむだな時間の使い方がないかをチェックします．いずれの場合でも発生原因をつきとめて改善します．

> 賃率：1時間当たりの労務費．時給のようなもの．

7.4 原価管理の留意点

A君：実際原価を調べましたが，どう分析していいかわかりません．
所長：原価差異の原因を追究すれば，おのずと方向は見えてくるよ．原価管理にはコツがあるからね．

　実行予算における予定単価と実際に生じる原価を容易に対比できるように，工種別かつ費目，科目別に整理します．
　次に，原価管理を行うポイントとして次の項目に着目し，検討を行います．
❶　残工事費の多い工種
❷　原価低減が容易なもの（すでに原価の低減ができているものも見直す）
❸　原価低減の可能性があるもの
❹　実行予算より実際原価が超過するもの

　❸の可能性があるものとは，設計図書と現場状態の不一致など条件変更がある場合や，工事の変更または中止など発注者に増額してもらえるものから実施するのが良いでしょう．まず，物価や労務費の変動，不可抗力による損害など，内容や金額の変更に対して資料の収集を行います．

7.5 直接原価計算

所長：直接原価計算についてはわかっているかい？
A君：原価を「固定費」と「変動費」に分けることで，意思決定に使えるんでしたよね．
所長：そうだね．どちらが有利かという選択に使えるんだったね．

　売上総利益（粗利益）は以下の式で計算します（**図 7.2**）．

　　　　売上総利益（粗利益）＝ 売上高 － 売上原価

　普通の原価計算では，売上原価として固定費と変動費を分けていないので，利益は生産量によって増減します．大量生産，大量販売すると，1個当たりの固定費額が減り，原価が下がり利益が増えることは想像できます．逆に，生産量が減ると固定費が増え原価は上がり，利益は減ります．

```
         ┌─────────────────────┐
         │       売上高         │
         └─────────────────────┘
普通の原価計算
┌──────────────────────┬──────┐
│ 売上原価（固定費＋変動費）│ 売上 │
│                      │ 総利益│
└──────────────────────┴──────┘
直接原価計算                    売上が増えれ
┌──────────────┬──────────────┐ ば増える利益
│    変動費    │    限界利益    │
└──────────────┴──────────────┘
```

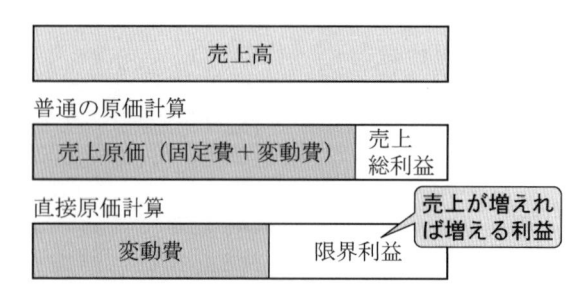

図 7.2　直接原価計算における限界利益

これに対して，直接原価計算は以下の式で計算します．

　　　売上高 − 変動費 ＝ 限界利益

直接原価計算では，売上原価から固定費を除いているので，生産量により1個当たりの利益は影響されません．限界利益とは，売上高が増えれば増え，減れば減る利益のことです．このため，製品の採算性をみるのに有効であり，経営判断をするのに役立つデータとなります．

工事に置き換えると，売上高は請負工事費，売上原価は工事原価であり，売上総利益は粗利益のことです．これを図に表したのが**図 7.3** です．

開削工事とトンネル工事，A 工法と B 工法のどちらのほうが，利益が上がるかなど，基礎データを蓄えておくと良いでしょう．

```
         ┌─────────────────────┐
         │      請負工事費       │
         └─────────────────────┘
普通の原価計算
┌──────────────────────┬──────┐
│ 工事原価（固定費＋変動費）│ 粗利益│
└──────────────────────┴──────┘

┌──────────┬──────┬──────┐
│   変動費  │ 固定費│ 粗利益│
└──────────┴──────┴──────┘
直接原価計算
┌──────────┬──────────────┐
│   変動費  │    限界利益    │
└──────────┴──────────────┘
```

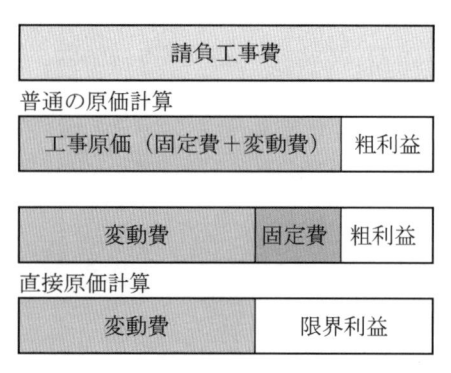

図 7.3　建設経営における直接原価計算

例 原価には2種類の原価があり，普通の原価計算ではA工法の採算性が良いように思えますが，直接原価計算を行うと逆になるケースもあることがわかります（**表7.4**）．このように直接原価計算は，どちらの工法を推奨するかなどを判断するためのデータとなります．

表7.4 直接原価計算による工法比較（単位：千円）

	A工法	B工法
請負工事費	20000	20000
工事原価	17000	18000
粗利益	3000	2000
粗利益率	15%	10%

＜直接原価計算＞

	A工法	B工法
売上高	20000	20000
直接原価（変動費）	15000	14000
限界利益	5000	6000
限界利益率	25%	30%

7.6 損益分岐点

A君：設備にお金をかければ効率が上がることはわかりますが，ある程度まとまった仕事がないと儲かりませんね．
所長：そのとおり．ある領域を超えると，機械や設備を揃えた効果が出てくる．その境目がどこかをまず知る必要があるね．

　直接原価計算と同様に，原価を固定費と変動費に分けることで，会社全体としての費用と利益を分析し，会社の体質改善を図ることができます．損益分岐点とは損失も利益も生じない売上高のことで，売上高が損益分岐点を越えれば黒字になり，損益分岐点を下回れば赤字になります．
　図7.4に損益分岐点の図を示します．横軸に売上高，縦軸に費用をとり，原点を通る45度の線を売上高線として表します．固定費は売上高によって変化しない一定額の費用なので縦軸の数値から横軸に水平な線になります．

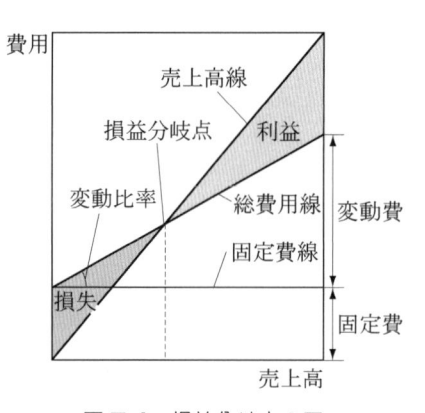

図 7.4　損益分岐点の図

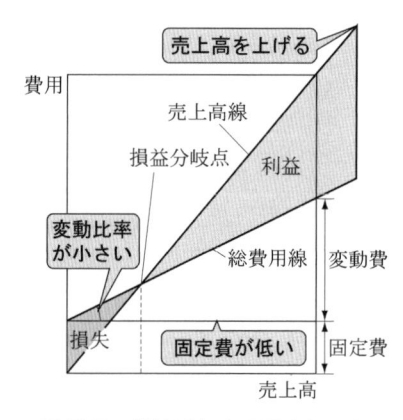

図 7.5　儲けるためのアクション

次に，変動費は売上高に比例して増加する直線なので，固定費線の上におくことで，固定費と変動費の合計を表す総費用線になります．総費用線と売上高線の交点が損益分岐点です．

図 7.5 は，**図 7.4** の状態から会社が利益を出すためのアクションプラン（行動計画）を表します．損益分岐点を引き下げると，売上高が少なくても利益を出せる収益構造になります．このために以下の方法があります．

❶　固定費を少なくする
❷　変動比率を下げる
❸　売上高を増加させる

固定費を下げるには，配属社員数の削減，固定給与の引き下げなどがあります．変動比率を下げる方法には，原材料費の削減が挙げられます．売上高を上げるには，販売数量の増加や値上げが挙げられます．

この図を使って現場を管理することはないと思いますが，機械や設備の選択など計画段階で利用できますので，この考え方は原価管理を行う上で重要です．

例　売上高 1000000 円，変動費 800000 円，固定費 100000 円，利益 100000 円のとき，**図 7.6** のように，損益分岐点は 500000 円になります．

7.6 損益分岐点　113

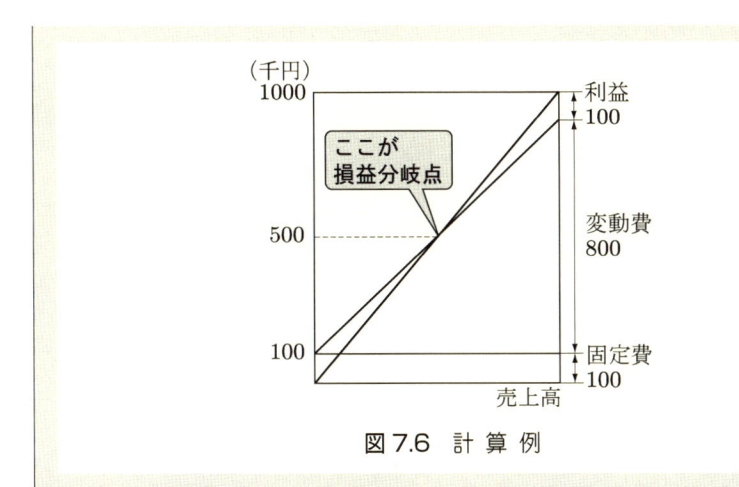

図 7.6　計　算　例

例　工法の特性を比較する場合に，損益分岐点の図が応用できます．図 7.7 は，同一断面でトンネルを掘進する通常のシールド工法と，途中で断面を小型化する親子シールド工法との経済性を比較したものです．横軸に発進立坑からの距離，縦軸に工事費をとり，グラフは 2 工法の距離と工事費の関係を示しています．距離 0 m における工事費は，シールドマシンの価格など固定費を示します．グラフが交差する点があり，これを境に工法の優劣が逆転します．

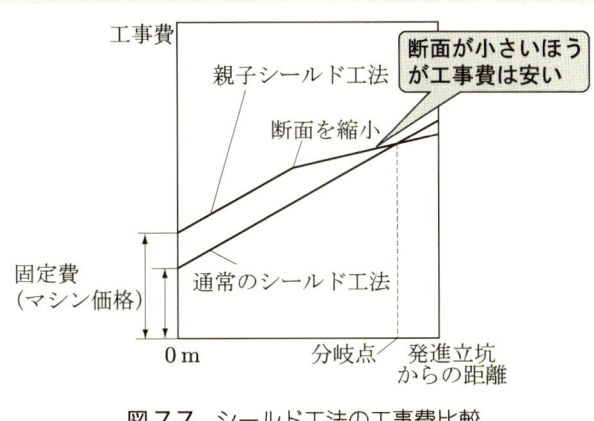

図 7.7　シールド工法の工事費比較

7.7 その他の利益

A君：会社の財務報告書のなかには，建設現場では耳にしない，いろいろな利益がありますが，知っておかないと困りますか？

所長：上の立場になると，人は知っているものと思って話してくるし，知っていれば他社との経営状況が比較できるから，覚えておいて損はないね．

一般企業の会計における一営業年度の経営成績を表す利益は，売上総利益のほかに四つ（**図7.8**）あります．

❶ **営業利益** 営業利益とは，会社全体が本業から上げる利益のことです．建設会社の場合，本業とは建築工事や土木工事などを指します．売上から，販売費および一般管理費や原材料費，仕入れコストなどの本業にかかわるコスト（売上原価）を差し引いて計算します．図6.3に示した利益がこれにあたります．「営業利益÷売上」で計算される売上高営業利益率は，売上のうちどのくらいが営業利益になるのか，企業の収益力をみるために使います．

❷ **経常利益** 経常利益とは，企業が本業を含めて普段行っている継続的な活動から得られる利益のことです．営業利益に，財務活動など本業以外に普段行っている活動からの損益を加減して計算したものが経常利益です．本業の強さを知るには営業利益を，財務力を含めたその企業のトータルの実力を知るには経常利益をみるのが良いとされています．

❸ **税引前当期純利益** 税引前当期純利益は，経常利益に特別利益，特別損失を加減したものです．経常利益は黒字なのに税引前当期純利益は大赤字という会社は，不良資産の処分などを行っているためです．

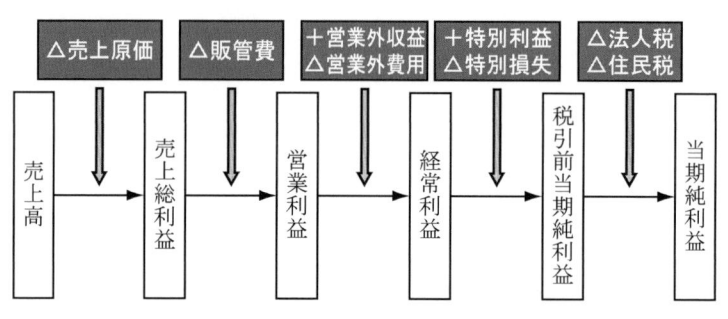

図7.8 各種の利益

❹ **当期純利益** 当期純利益は,税引前当期純利益から法人税,住民税を減じたものです.利益の最終形であり,配当金・役員賞与金・内部留保へ分配する原資となります.

> **課題** 会社の決算書を読むチャンスです.他社と比較して何が良くて何が悪いのか,原因を考えてみましょう.

第7講のまとめ

> 1. 実際原価から標準原価を比較して,差がある場合は発生原因をつきとめ,改善する必要がある.
> 2. 限界利益を求めることで,工事などの採算性をみることができる.
> 3. 原価を固定費と変動費に分けることで,損益分岐点分析が行える.

今回はA君にとって少し難しい内容が含まれていました.知らなくても困りませんが,知っているといろいろわかることがあります.

原価管理により現在の状態,改善の必要性および最終の利益を確認できます.また,その他の利益について,実際に自社や他社の決算表を比較してみましょう.

第8講 リスク管理

　企業の経営には，つねにリスクが伴います．しかし，リスクがあるからといって何もしないわけにはいきません．災害，事故などのリスクに限らず耐震偽装，談合など，信用に関するリスクがことのほか重視されています．

　2006年の労働安全衛生法の改正で，労働災害を減らすために「リスクアセスメント」が努力義務になりました．労働災害ばかりでなく，社会のあらゆることに対してリスクマネジメントを行えるように，今回はその手法を学びます．

8.1　リスクの定義

A君：いまリスク管理が騒がれていますね．

所長：いままでは法律や規則を守ることで何とかなっていたけど，それだけで解決できないことが多くなってきているからね．

A君：規制より厳しい管理をするということですか？

所長：そうではない．規則ではしばれないぬけを防ごうということだね．何かことが起こってから対処するのでは遅い．あらかじめ予測して対策を立て，未然に防ぎ，たとえ起こっても被害を最低限にする．

A君：それは以前からやっていたことではないんですか？

所長：以前からやっていたことだね．ただ，体系立てて行っていたわけではないし，リスクという言葉の定義さえあいまいだったんだよ．

　ニュースなどにリスクという言葉が出てきます．「大きなリスクをとることで，より大きなリターンがある」のように，世の中には良いリスクがあるといった印象を与える使い方をされることがありますが，これは誤った使い方です．

　リスクは，「それが顕在化すると好ましくない影響が発生する」，「いつ顕在化するかは明らかでない」といった二つの性質をもちます．簡単に定義すると，「何らかの原因により損失を被る可能性」といえます．

リスクとは，一定の社会的・経済的な価値を失う可能性など，少なくとも好ましくない結果を得る可能性がある場合のみに使われます．リスクは損失と同じ意味に理解されることがありますが，損失することがあらかじめわかっている場合，それは損失であってリスクではありません．

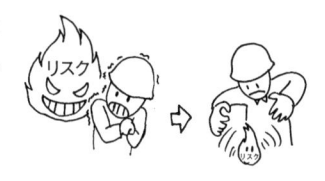

> **基本** リスクとは，行動または意思決定によりもたらされる結果の不確実性のことであり，一般的にリスクは以下の式で表されます．
>
> $$リスク = 発生確率 \times 被害規模$$

8.2 リスク管理と危機管理の違い

A君：リスク管理が危機的状況の発生前に，起こりそうな損失をいかに減らせるかを検討し，実行することというのはわかりましたが，危機管理とはどこか違うんですか？

所長：危機管理とは，台風で川が増水し，堤防が決壊してしまったり，工事が原因で道路が陥没したりといった顕在化した危機（クライシス）に対し，復旧作業など適切な対応をとることだね．危機管理では短期間におけるリーダーシップが求められるよ．

A君：危機管理は事後の活動ですね．

所長：危機管理でも，事前に対応策を用意しておくことはあるよ．上陸しそうな大型台風に対する対策本部などの組織づくりや，土嚢袋など防災用品を準備しておくことは，リスク管理というより危機管理だからね．

昨今では，事故に限らず，漏洩，捏造といった不測の事態まで考え，リスク管理をしなくてはいけません．企業が存続し，社会全体にダメージを与えないためにも，企業を取り巻くリスクを適切にコントロールする必要があります．

図8.1に示すように，事故や危機が起こらないように常日頃から安全活動を行い，原因があれば対策を立て，除去します．これがリスク管理です．これに対して，急に発生したクライシス（危機）に対し，対応したり復旧計画を立てたりするのが危機管理です．

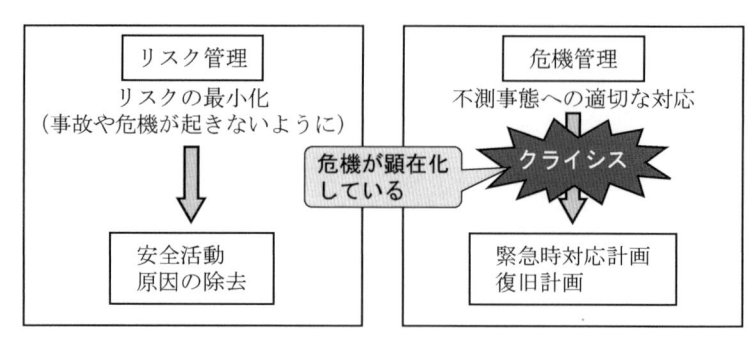

図8.1 リスク管理と危機管理

8.3 リスクマネジメント

A君：リスクマネジメントのポイントを教えてください．
所長：隠れているリスクを明確にし，リスク対応の順番を決め，そして対策を決める．これがリスクマネジメントだね．ポイントは，いかにリスクを想定できるかにつきる．このためにはいろいろな事例を知ることが大切だよ．

　リスクマネジメントとは，工事などに伴う不確実性を分析し，いくつかの代替案のなかから適切な行動を選択して実行することで，損失に結びつく可能性のある不確実性を小さくすることです．仮に損失が発生した場合でも，その対応策を検討し，再発防止策を立てることで，不確実性を排除していく一連の管理体系です．保険や安全対策などを活用して，事業の偶発的あるいは人為的な損失を発生しないようにします．また，たとえリスクが発生した場合でも，それを最小化し，さらに顕在化したリスクに適切に対処する経営管理の方法です．
　図8.2に従って，リスクマネジメントの手順を説明します．

❶ **リスク対応方針**　どの企業にも社訓や経営理念，経営方針といった基本方針があるはずです．このような組織の上位概念がリスク対応方針で，リスクマネジメントに関して目指す到達点を明確にします．一例として「人命尊重」，「安全の確保」，「会社信用の保持」などが挙げられます．

❷ **リスク把握**　リスク把握とは，対象とする組織，業務，プロジェクトを取り巻くリスクを仮定することです．過去に自社または他社で起こった事故例

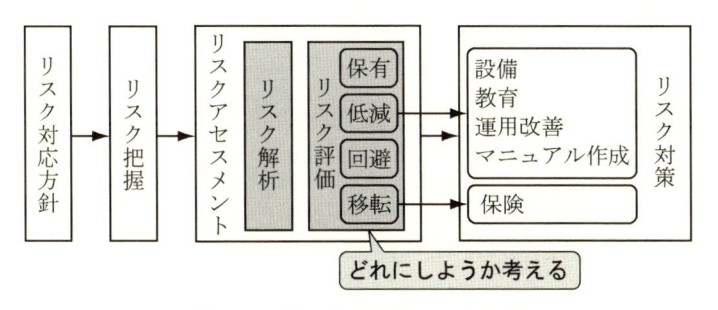

図 8.2 リスクマネジメントの例

などが参考になります．潜在したリスクの発見には想像力が必要です．多くのリスクを挙げたらリスク全体を俯瞰し，重大なリスクが管理対象から漏れていないかを把握します．

❸ **リスク解析** リスク解析とは，リスクの発生確率と被害の大きさの値を設定するためのプロセスです．リスク算定ともいいます．発生確率および結果を金額など，できるだけ数量で表します．情報が少ない場合には，大中小などのランク付けで大まかに把握します．リスク値（＝発生確率 × 被害の大きさ）を求めることで，優先して管理しなくてはいけないリスクは何なのかを明確にします．

❹ **リスク評価** 経営資源には限りがあり，すべてのリスクに万全の対応を行うことは不可能です．リスク解析で決定した優先順位に従い，リスク評価が行われます．対応すべきリスクに対して，保有・低減・回避・移転のいずれにするかを評価します．

❺ **リスク対策** 予防措置として，設備の改善や運用の改善，危機管理マニュアルの作成が挙げられます．事後の予防としては，再発防止のために，リスク対応プロセスの手直しや，危機管理マニュアルの再検討，リスクマネジメントに関する教育研修を行います．

8.4 リスク解析

A 君：不確定な確率を求めるなんて，リスク解析は難しそうですね．
所長：0.005 のような数字で確率を求めることは難しいから，ランクをつけて重みづけする方法があるよ．被害規模も同じだね．ランクづけは，関係者の共通の認識にすることが重要だよ．

把握したリスクに対して，他所で発生した事例などを参考に，それが起こる可能性はどの程度か，それが起こった場合の影響はどの程度かを正確に見積もることは困難です．そこで，あらかじめルールを作成しておき，算定すると良いでしょう．**図 8.3** はリスク算定の一例です．発生確率を 5 段階に分け，0 から 8 までの重みをつけています．被害規模についても 5 段階に分けていますが，被害規模による重みがより大きな点数になっています．事故が起こりやすく注意が必要な場合，発生確率は 4，事故が起こると重大事故につながる場合，被害規模は 50 とし，これらを掛け合わせて 200 とします．

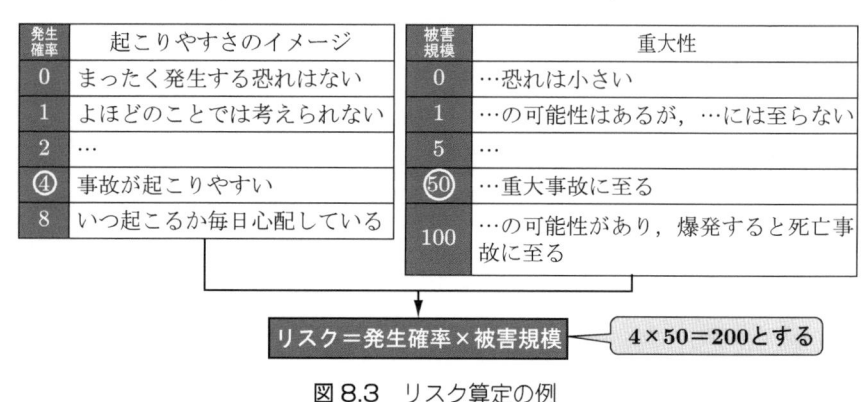

発生確率	起こりやすさのイメージ
0	まったく発生する恐れはない
1	よほどのことでは考えられない
2	…
④	事故が起こりやすい
8	いつ起こるか毎日心配している

被害規模	重大性
0	…恐れは小さい
1	…の可能性はあるが，…には至らない
5	…
㊿	…重大事故に至る
100	…の可能性があり，爆発すると死亡事故に至る

リスク＝発生確率×被害規模　　$4 \times 50 = 200$ とする

図 8.3　リスク算定の例

8.5　リスク評価

A 君：リスク評価の決め方も難しそうですね．
所長：マトリックス・データ解析図（図 2.12）を覚えているかい？　それを利用して，第 1 成分にリスク発生の確率，第 2 成分に被害規模の大きさをとったリスク評価フレームを作れば，特定したリスクがどういった状況にあるかを把握しやすくなって，評価もしやすいよ．

リスクを評価する方法として❶リスクの低減，❷リスクの移転，❸リスクの保有，❹リスクの回避といった四つの方法があります（**表 8.1**）．この四つの方法の選択肢として，**図 8.4** のリスク評価フレームがあります．

図のように，被害規模の大きさと発生確率の値により，評価対象を四つの領域に分類します．各領域の特徴を**表 8.2** に示します．A はリスク低減領域と

表 8.1 リスクを評価する方法

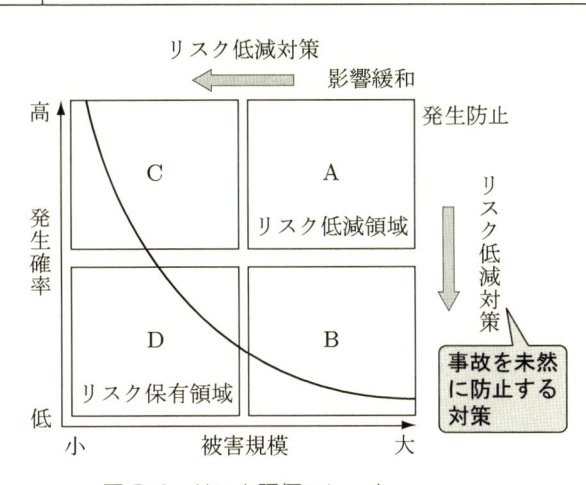

対 策	内 容
❶ リスクの低減（リスクの削減）	損害を発生させる事象を事前に発生確率を低くするか，損害を少なくするかの対策を行う．もっとも一般的なリスク対応であり，この場合，対策にかかる費用が発生する．
❷ リスクの移転（リスクの転嫁）	損害の発生を許容するが，損害は保険を掛けることによってリスクの移転を図る．
❸ リスクの保有	あるリスクからの損失の負担または恩恵の受容であり，リスクの存在を認知しながら積極的な対応を行わないことである．すべてのリスクに対し，万全の対策を講じることは現実に不可能であり，損害があまり大きくない場合，資金に余裕がない場合に使われる．ただし保有した場合，その選択根拠に合理性と説得性が必要である．
❹ リスクの回避	新たな事業が開始される前の判断としてとられる対策である．あるいは，改善策がないと判断される事業から撤退する場面での意思決定であり，最後の手段である．

図 8.4 リスク評価フレーム

いわれ，BまたはC領域に向かうようにコントロールします．AからBへリスクコントロールするのは，事故の発生を未然に防止する方向にあるといえます．これに対して，AからCへは，事故の発生確率は同じですから，事故の影響を緩和する方向にあるといえます．一般的に，日本ではC領域の対策を重視する風土があり，徹底的な対策の実施によって，労働災害を限りなくゼロ

表8.2　リスク評価フレームにおける各領域の内容

領域	内容
A	被害規模が大きく発生確率も高いため，最優先で低減対策を実施する．
B	被害規模は大きいが発生確率は低いため，その対策費用が高額になることが多く，保険を掛けることにより移転することがある．ただし，めったに起こらないリスクでも，起こったときに影響が大きい場合，優先して対策を立てておく必要がある．
C	発生確率は高いが被害規模は小さいため，被害規模が一定の値より小さい場合はリスクを保有する．
D	発生確率は低く被害規模も小さいため，緊急性はなく，優先度は低い．リスクを保有してよい領域である．

に近づける運動に重点がおかれてきました．

8.6 リスク対策

A君：リスク対策のポイントを教えてください．

所長：まず，もっとも優先度の高いリスク評価で低減させると決めたものについて考える．設備・運用で対処できるものはすぐに改善するといいね．マニュアルを作成して，教育訓練を行うことが有効な場合もあるよ．

(1) 低減対策

リスク低減対策として，問題現象そのものに対する対策ではなく，まず，リスクが発生する原因をつぶすことを考えます．原因を解消しなければ，同じ問題は何度でも起こります．

次に，リスクが現実に起こる前の予防策と，リスクが起こってからの事後対応策を考えます．リスク発生の可能性と影響度から優先度が高いものについては，設備，運用改善など予防策を中心に，とくに影響度が大きいリスクに対しては，予防策を中心に万全の備えをしておき，実際に発生したとき，すばやく対処できるように対応策も考えておきます．

一方，影響度の低いリスクに対しては，事後の対応策を中心に考えます．万が一リスクが現実に起こっても，大事には至らないためです．

(2) マニュアルの作成

事前の予防に加え，事故が起こってしまったあとの緊急対応について，その業務の再開から通常の業務に回復させるまでの戦略が必要です．過去の事例から，なぜ事故が起こったかという原因分析をすることで，事故が発生しないしくみづくりが可能になります．

> **例** 立坑工事に続いて，地下 50 m に下水道トンネル（直径 D）をシールドで敷設する工事を受注しました．路線は途中，地下鉄直下（$2D$ の離隔）を通過します．また，通過する地層は温泉のボーリング中にメタンが発生したという話を聞きました．
> 　図 8.2 に従って，リスク管理を行ってみましょう．
> ❶ **リスク対応方針**　ここでは「無事故○○○時間達成」としておきます．
> ❷ **リスク把握**　二つのリスクを想定しました．
> 　A．地下鉄トンネルの沈下に伴う列車運行停止
> 　B．坑内にメタンが流入することによる爆発事故
> ❸ **リスク解析**　A は，発生確率は低いですが，被害規模は中程度といえます．B は，発生確率は中程度ですが，被害規模は大きいといえます．
> ❹ **リスク評価**　A は，地盤改良工事を行うことになっているのでリスクを保有します．B のリスクは低減しなくてはいけません．優先順位は B，A の順としました．
> ❺ **リスク対策**　B について，送風機の設置は当然のこととして，エアカーテンにより切羽と坑道部を分離します．切羽部の設備およびシールドを防爆仕様とし，スイッチ類から火花が発生しないようにします．このほか，メタン濃度の測定や作業員教育の実施などが挙げられます．
> 　A については，地下鉄トンネルの変状計測を実施します．異常な値が出そうな場合には，掘進を中止して地盤改良を再度行うことにします．

8.7 危機管理

A 君は，所長から現場の危機管理マニュアルの作成を依頼されました．
A 君：土地造成工事の現場の危機管理マニュアルを読んでいるんですが，たいへん勉強になります．
所長：これも経験学問みたいなところがあるから，場数が必要かもしれないな．

でも同じ体験なんてめったにあるものではないから，想像力を働かせてこの現場に合ったものに仕上げてくれ．

危機管理は，顕在化したクライシスに対していかに対応し，復旧させるかという活動であり，リスク管理とは異なります．ただし，危機を発生させない活動を含めて危機管理とよぶこともあります．このため，危機管理を平常時の危機管理，緊急時の危機管理，収束時の危機管理に分けることもあります．

(1) 平常時の危機管理

平常時の危機管理は，❶危機を予測する，❷危機を予防する，❸危機が生じたときの対策を準備する，❹危機の発生による悪影響を最小限にする，といった四つの要素から構成されます．

危機の予測とは，どのような危機が生じるか，危機が生じたらどのような悪影響を及ぼすか，どの程度の危機の可能性があるか予測することです．また，情報管理を強化して，危機の兆しを察知することです．

危機の予防は危機の予測に基づき，日常から危機防止活動を行い，危機を予防することです．

危機が生じたときの準備として，危機管理マニュアルの作成，危機対応の訓練，危機対応に必要な物質の準備などが挙げられます．危機管理をマニュアルとして文書化し，危機が顕在化したときには，すばやく的確に行動できるようにしておきます．シナリオを考え，いくつかの想定されるケースへの対処策を打ち出しておきます．そして，最悪のケースが発生したときには，対応策のなかから最善のものを選択します．

(2) 緊急時の危機管理

危機が生じたときは，平常時に作成した危機管理マニュアルに従い行動します．危機に対応するためのチームを作り，その悪影響を最小限にするために，迅速かつ柔軟に危機へ対応します．マニュアルどおりにことが進むとは限りませんが，失敗を処理することで失敗を繰り返さないようにします．

(3) 収束時の危機管理

収束時には，業務を再開し，通常の業務に回復させることが重要になります．

安全を確認し，安全性が確認された場合，地域に安心のための広報をします．
　再発防止のため，自ら行った危機対応の記録を整理し，分析・評価します．危機管理マニュアルを見直し，再発防止策を示します．

8.8　自然災害

　水道管敷設工事の現場は台風対策をしましたが，土地造成工事は面積が広いだけに台風対策は完璧にすることはできません．
所長：法面がくずれないように土嚢を積んでおいてくれよ．
A君：土嚢の準備はできましたが，台風が直撃したら，盛ったばかりの法面が危ないですね．
所長：そのときのために，保険に入っているんだが，時間を取り戻すことはできないし，被害はないにこしたことはないね．

　地震や台風，火山の噴火など自然災害は未然に発生を防止することはできません．しかし，発生を予測して被害を軽減することや，災害後の復旧を早めることは可能です．

　自然災害の対策として，耐震設計，災害防止マニュアルの策定，責任体制の明確化，関係者の教育・訓練などが挙げられます．ハード面では河川の堤防，地すべり対策，耐震補強などがリスクの低減対策です．自然災害のリスクは日本の通常の保険では除外される場合が多く，特別の保険契約が必要になります．

　建設現場の場合，公共工事請負約款という契約があります．第29条には「天災等（暴風，豪雨，洪水，高潮，地震，地すべり，落盤，火災，騒乱，暴動その他の自然的または人為的な事象）により，工事目的物，仮設物，機械器具等に損害が生じた場合，その損害は原則として発注者の負担である」と定めています．このように予見できないリスクは発注者がリスクをとる，請負者側からみるとリスクを移転できるという契約になっているのです．

8.9 国内工事のリスク

国道〇号のバイパス工事でトンネルが未着工のようです．通常，トンネルは坑内の排水を考えて，高さの低い側から掘り始めます．
A君：△山トンネルの海側の用地買収が終わっていないそうです．どうするんでしょうね？
所長：山側から掘る計画に変える必要がありそうだな．そうなると，ちょっとたいへんな工事になるね．

　建設現場は，現場ごとに工事を進める環境が異なります．発注者，工事場所，対象構造物，工事期間，周辺環境，下請など工事関係者，それらの要因が複雑に組み合わさり，現場では何が起こるかわかりません．つまり，数多くの潜在リスクが存在するといえるでしょう．図8.5に国内工事の各種ハザード（危険要因）をまとめました．
　現場を進めていく上での基本は，建設業法・労働法・環境基本法・品確法などの責任に基づいたものでなくてはなりません．とくに，請負工事である以上，工期などを含め契約内容を守らなければ，債務不履行として損害賠償を支払わなくてはなりません．
　外部環境として近年もっとも考えていかなくてはならないのが，工事が与える近隣住民の生活に対する影響です．「工事が円滑に進められない」，「クレーム対策としての費用が発生する」といったトラブルに発展しないよう管理する必要があります．

```
┌ 発注者に起因するハザード ─┐    ┌ 請負者に起因するハザード ─┐
│ ・法令，税制改廃           │    │ ・労働災害                 │
│ ・上位計画の変更           │    │ ・瑕疵担保                 │
└───────────────────────────┘    │ ・JV相手企業，下請業者の倒産│
┌ 外部環境 ─────────────────┐    │ ・材料メーカの倒産         │
│ ・近隣住民の生活に対する影響│    └───────────────────────────┘
└───────────────────────────┘
```

図8.5　国内工事の各種ハザード

8.10 海外工事のリスク

リスク管理の話から，所長の同期が海外工事に赴任している話になりました．
A君：□□国の工事は，政情が不安定なのでたいへんそうですね．
所長：なにしろ，政権が変わってしまったからね．こうなると，いままでの契約が有効かどうかも疑問だね．

　海外プロジェクトの各種リスクを図 8.6 にまとめました．海外プロジェクトでは，事故，災害より契約上のトラブルが大きなリスクになります．
　日本の契約方式では，発注者側にプロジェクトを遂行するのに十分な技術力が備わっていること，さらに契約当事者が誠実に契約を遂行することが前提です．これに対して，海外建設事業では，発注者側に技術力がなく，契約当事者が誠実に行わなくても適用できる契約方式です．このため，契約変更によるコストの増大が問題になることが多いようです．
　大きなプロジェクトでは，可能性のあるリスクについて，双方での共有が必要です．一般的には「あるリスクをコントロールできるものが，当該リスクを負担する」という基本原則がありますが，実際は交渉の結果で決まります．
　政治，社会，経済環境の変化によって海外融資や貿易事業が変化を受ける危険性をカントリーリスクといいます．これは，為替リスクや戦争，紛争などのリスクといった非常に大きなリスクです．一定期間，外貨の換算レートを予約して決める為替予約や，金利のスワップなどを利用してどちらにころんでも安定することを考える必要があります．

スワップ：同じ通貨の異なる種類の金利を交換する取引のこと．

カントリーリスク
- 為替レート
- 戦争，革命
- 国有化
- 法制，規制の変更

プロジェクトリスク
- 環境リスク
- 事故，災害リスク
- 操業，保守リスク
- 技術リスク
- 完工リスク

図 8.6　海外プロジェクトの各種リスク

> **課題** 災害のニュースを調べ,あなたがリスク担当者なら予測できたか,どのような対策を立てることができたか,また再発防止策として何が有効かについて考えてみましょう.

第8講のまとめ

1. リスクは,「発生確率×被害規模」で表される.
2. リスクマネジメントは,リスク対応方針,リスク把握,リスク解析,リスク評価,リスク対策の手順に従い行う.
3. リスク解析で,発生確率や被害規模を正確につかむことは困難なので,あらかじめ基準を作る.
4. リスク評価は低減,移転,保有,回避のなかから選択する.

リスクが発生したことを想定したシナリオを描けるように,常日頃から想像力を磨いておくと良いでしょう.映画などがヒントになるかもしれませんね.

第9講 環境と経営

　仕事を請負って，利益を生み出すことだけが建設経営ではありません．環境問題への取り組みは人類共通の課題であり，企業が存続するための必須の要件ですから，建設業においても環境に対して何ができるかを考え，実行しなくてはいけません．グリーン調達，廃棄物の処理問題，リサイクル材の使用などいろいろとできることがあります．
　今回は，環境報告書をとおして社会の動向と環境に関連する法律を学びます．

9.1　環境経営とは

A君：うちの研究所で建設廃材からエタノールを作る技術が発表されましたね．
所長：環境経営の一環だね．
A君：環境経営とはどのような経営のことをいうのですか？
所長：環境基本法という法律で，企業は地球環境問題に取り組まなくてはいけないことになっている．公害防止，廃棄物の処理，環境への負荷を低減するための材料の使用や技術開発など，環境に関するあらゆる活動が義務づけられていて，これらを実行することが環境経営だよ．

　経営とは利益を最大化するものですが，利益だけに注意を向け過ぎると，信じられないような不祥事を起こしてしまうことがあります．業界を代表する企業であっても，その対応や対策の誤りによって事業活動が継続できない状況まで追い込まれる場合もあります．
　このような状況のなかで，企業の社会的責任への関心が急速に高まり，組織の業績や社会貢献と並び環境配慮型の活動であるかどうかも会社の価値を決める要素となっています．このため，建設経営のあらゆる局面で，環境保全の視点をもって経営を実践する必要があります．

> **社会貢献**：製品やサービスの提供，雇用の創出，税金の納付，メセナ活動（文化・芸術の提供）など．

たとえば，経営者の意思で自主的に二酸化炭素排出量を削減したり，廃棄物排出量を削減したりすることなど，法の規制のない分野に取り組むことや，環境に優しい材料・施工法の開発などを行うことが環境経営です．何となくはだれもがわかっていることと思いますが，次のように環境経営をとらえると良いでしょう．

❶ 地球環境への負荷を削減して社会貢献をすること
❷ 環境を新たな競争力の源泉ととらえて行動すること

9.2 環境報告書

所長が得意先の社会環境報告書を読んでいます．

所長：A君，わが社の社会環境報告書を読んだことがあるかい？
A君：環境レポートのことですよね．配布されたので，もってはいますが…．
所長：一度，きちんと読んでおきなさい．環境に対する会社の方針や取り組みがよくわかるからね．
A君：所長が読まれているのは，発注者の社会環境報告書ですね．
所長：自社の環境方針のもとで働いているけど，われわれは，あくまで発注者側の環境方針に組み込まれて行動しているので，知っておく必要があるからね．

(1) 環境報告書とは

環境に関する事項を社会に報告する責任のことを環境アカウンタビリティといいます．外部への報告の手段として，環境報告書の作成があります．**環境報告書は，事業活動に伴う環境負荷の状況や事業活動における環境配慮の取り組み状況などを定期的に報告するもの**です．

環境報告書は，企業によって「環境レポート」，「サスティナビリティ報告書」，「社会・環境報告書」，「CSRレポート」などいろいろなよび方がされています．近年は，環境の

> サスティナビリティ：持続可能なこと．1992年に環境サミットで採択されたリオ宣言を受け，使われるようになった．

> CSR：Corporate Social Responsibility の頭文字で「企業の社会的責任」と訳される．消費者からみた，企業の社会的責任を果たす活動のことで，法令遵守や消費者対応，社会や地域への貢献などを評価対象とする．

面だけでなく，社会的な面も企業経営にとって重要な要素であるとされ，本来の経営に環境や社会を統合して企業の社会的責任として，環境報告書が作成されているようです．

1970年代の環境問題は公害の防止に取り組むというマイナス志向だったのに対して，現在の環境問題は未然に防ぐプラス志向になっています．また，環境問題に取り組んでいるということが，企業の価値を高めています．消費者の価値観が多様化し，「良い企業」という評価は売上高が大きいといった既存の価値観ではなくなりました．商品の価格が多少高価でも，企業理念やコンセプトを重視して商品を選ぶ消費者も出てきています．

このような流れのなかで，企業にとって，環境経営を実践し，その活動状況を公開することで，社会に必要な企業であることをアピールすることがますます重要になっています．

(2) 環境報告書の機能

環境報告書の発行により，外部に対しては社会的信頼が高まります．内部に対しては，環境会計を報告することで，環境保全に関する投資額と効果を知ることになり，環境への取り組みの効率化が図れます．このように環境報告書には外部機能と内部機能があります（**表9.1**）．

環境報告書は会社全体としてまとめるものですが，工事現場，設計，技術開発など，それぞれの部署では，会社の方針をよく理解して，いま取り組んでいる環境対策についてまとめ，つねに発信できるよう準備しておかなければなりません．

表9.1　環境報告書の機能

分類	内容
外部機能	❶ 事業者の社会に対する説明責任（情報開示） ❷ 利害関係者の意思決定に有用な情報を提供 ❸ 事業者の社会とのプレッジ＆レビュー（誓約と評価）による環境活動推進（その達成に向けて努力する旨の誓約的文言が含まれる）
内部機能	❹ 自らの環境配慮の取り組みに関する方針・目標・行動計画等の策定，見直し ❺ 経営者や従業員の意識づけ

(3) 環境報告書の構成

環境省が発行する「環境報告書ガイドライン」には，記載項目について**表9.2**に示す項目が挙げられています．基本的項目として❶から❸，事業活動における環境配慮の方針として❹から❼，環境マネジメントに関する状況として❽から⓭，残りを事業活動に伴う環境負荷およびその低減に向けた取り組みの状況として分類しています．

業種を問わず，各社の環境報告書はガイドラインに沿って構成されているため，どの会社の環境報告書も似たような印象を与えます．まず，巻頭に「❶経

表9.2　環境報告書への記載項目

❶ 経営責任者の緒言（総括及び誓約を含む）
❷ 報告にあたっての基本要件（対象組織，期間，分野）
❸ 事業の概要
❹ 環境配慮の方針
❺ 環境配慮の取り組みに関する目標，計画及び実績等の総括，環境負荷の実績，推移
❻ 事業活動のマテリアルバランス，温暖化の防止
❼ 環境会計情報の総括（環境保全コスト，保全効果，経済効果）
❽ 環境マネジメントシステムの状況（リスク管理体制，ISO14001取得状況）
❾ 環境に配慮したサプライチェーンマネジメントの状況（原材料の調達など）
❿ 環境に配慮した新技術等の研究開発の状況
⓫ 環境情報開示，環境コミュニケーションの状況（展示会への出展，広告宣伝）
⓬ 環境に関する規制遵守の状況
⓭ 環境に関する社会貢献活動の状況
⓮ 総エネルギー投入量及びその低減対策
⓯ 総物質投入量及びその低減対策（エネルギー・水を除く資源，主要原材料の購入量）
⓰ 水資源投入量及びその低減対策
⓱ 温室効果ガス等の大気への排出量及びその低減対策
⓲ 化学物質排出量・移動量及びその低減対策（化学物質，大気汚染防止法の有害大気汚染物質のうち指定物質（ベンゼン，トリクロロエチレン））
⓳ 総製品生産量または販売量（容器包装使用量）
⓴ 廃棄物等総排出量，廃棄物最終処分量及びその低減対策
㉑ 総排水量及びその低減対策
㉒ 輸送に関わる環境負荷の状況及びその低減対策
㉓ グリーン購入の状況及びその推進方策
㉔ 環境負荷の低減に資する商品，サービスの状況
㉕ 社会的取り組みの状況

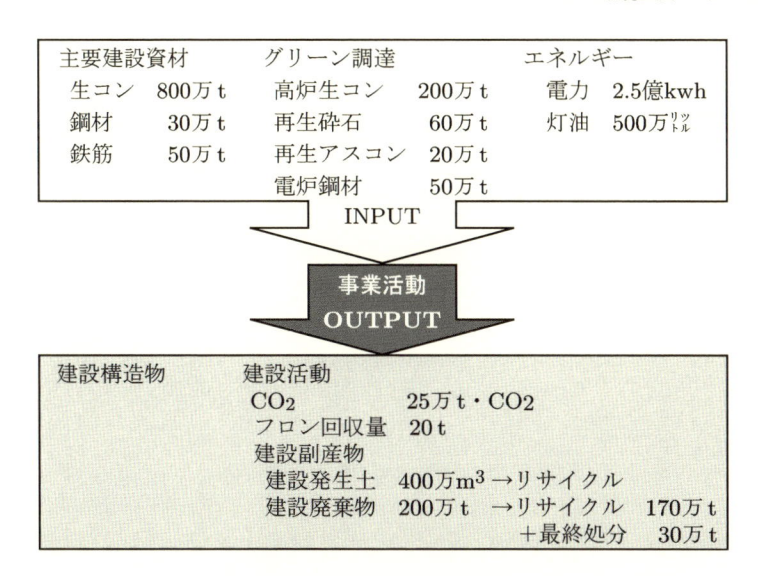

```
主要建設資材              グリーン調達                エネルギー
  生コン   800万 t      高炉生コン   200万 t       電力   2.5億kwh
  鋼材     30万 t       再生砕石     60万 t        灯油   500万リットル
  鉄筋     50万 t       再生アスコン 20万 t
                        電炉鋼材     50万 t
                            INPUT

                         事業活動
                         OUTPUT

建設構造物      建設活動
                CO₂                25万 t・CO₂
                フロン回収量        20 t
                建設副産物
                  建設発生土       400万m³ →リサイクル
                  建設廃棄物       200万 t  →リサイクル    170万 t
                                           +最終処分      30万 t
```

図 9.1 マテリアルフロー

営責任者の緒言」で，環境問題の現状，業種や規模に応じた必要性，環境配慮の方針，戦略などを経営責任者が述べます．対象組織に連結対象企業が含まれるのか，環境分野に限らず社会的分野，経済的分野も対象としているか，期間など「❷報告にあたっての基本要件」は，最終ページや裏表紙に記載されます．

ガイドラインの項目をいくつかまとめて表現することもあります．図 9.1 は，「⓮総エネルギー投入量」，「⓯総物質投入量」，「㉓グリーン購入の状況」をインプットとして，「⓱温室効果ガス等の大気への排出量」，「⓴廃棄物最終処分量」をアウトプットとするある建設会社のマテリアルフローです．

「㉕社会的取り組みの状況」には，労働安全衛生にかかわる情報として度数率，事業活動損失日数，強度率や PL 法に関する内容を記載します．

9.3 環境会計

A 君：環境会計とは何ですか？

所長：行っている環境保全活動が，どの程度環境に寄与しているかを貨幣単位で示したものだよ．収益がプラスだと，社員の環境に対する取り組みにも熱が入るというものだね

環境会計とは，企業が環境問題にどのように取り組み，環境対策を実施しているか，その結果どのような効果があるのかを会計的に把握することを目的にしています．言い換えると，環境対策の費用と経済効果（利益）を比較して，環境対策が企業にとってプラスなのかマイナスなのかを公表することです．

表9.3に，環境保全にかかる費用と効果の例を示します．費用として公害防止，環境負荷削減，リスク管理，研究・開発，社会貢献などが挙げられます．効果としては省エネによる費用節約，リサイクルによる収益，保険の節約，環境活動の効率化が挙げられます．

環境対策の内容やその成果を，会社の従業員や外部の関係者に説明するだけではなく，環境対策費用を管理し，効果を知り，戦略を立てる手段にすること

表9.3　環境保全の費用と効果（環境省の環境会計ガイドラインによる分類）

費　　用
❶ 事業エリア内保全コスト 　a. 公害防止コスト 　　作業所における水質汚濁，騒音，振動等の防止対策 　b. 地球環境保全コスト 　　フロン・ハロンガスの回収 　c. 資源循環コスト 　　建設副産物の適正処理対策 ❷ 上下流コスト 　グリーン購入のための差額コスト，リサイクル・適正処理のためのコスト ❸ 管理活動コスト 　ISO14001の継続維持，環境に関する教育・訓練，作業所周辺の環境保全対策，発表会 ❹ 研究開発コスト 　環境に係わる研究開発 ❺ 社会活動コスト 　環境NGOへの寄付 ❻ 環境損傷対応コスト 　地盤沈下・近隣補修，自然修復
効　　果
❶ 環境保全効果 　環境汚染物質排出削減量，資源・エネルギー節約量，廃棄物削減量 ❷ 環境保全対策に伴う経済効果 　省エネによる費用節減，リサイクルによる収益，回避額

が可能です．

9.4　グリーン調達とグリーン購入

A君：グリーン調達とグリーン購入はどこが違うんですか？
所長：はっきりした区別はないけど，官庁や企業が環境に配慮した材料や製品を買うのがグリーン調達で，最終的な製品を消費者が買うのをグリーン購入としていることが多いようだね．
A君：コピー用の再生紙はグリーン購入ですね．
所長：少し割高だけど，環境に役立つことなら協力しないとね．

「国等による環境物品等の調達の推進等に関する法律」（2001年）は**グリーン購入法**とよばれ，循環型社会の形成を促進するための法律です．国およびその関係機関には，再生資源や環境への負荷を低減可能な原材料や部品など（環境物品とよびます）を優先して購入することが義務づけられています．まず，国などから取り組み始めることで，地方自治体，さらには必然的に社会全体へ広げようというものです．

　国は基本方針として，環境物品のなかでもとくに重点的に取り組むものを特定調達品目として定義し，関係者に周知しています．図9.2(a)の日本のエコラベルや図(b)のドイツのブルーエンジェルマークは環境物品として，一定の基準を満たしていることを第三者が審査して，マークの使用を許可しているものです．エコラベルは，グリーン購入法における対象品目として判断されます．

　ただし，これらの製品は一般に割高です．これらを購入することで，環境保全にかかわるコストの増分を国や企業が負担することになります．

　建設業では，施工だけではなく設計での取り組みも大切です．設計者は発注

（a）エコラベル　　　（b）ブルーエンジェル

図9.2　環境ラベル

者に対し,「グリーン調達品目」の採用を提案し,その促進に努めます．現場は,設計者および発注者に対して「グリーン調達品目」の採用を提案し,その促進に努めます．

対象品目の判断基準として,❶資機材製造時の環境負荷が少ない（エネルギー，資源消費量等），❷原料に再生資源を利用している，❸施工時の環境負荷が少ない（廃棄物発生量，エネルギー消費量，騒音・振動等），❹運用時の環境負荷が少ない（エネルギー消費，有害物の放出等），❺使用寿命が長い（耐

表9.4 建設工事に関するグリーン調達品のリスト

対象	提案する材料・施工法
盛土・埋戻し材	建設汚泥から再生した処理土，廃棄物利用の埋戻材
建設副産物の発生抑制	現場における伐採材や建設発生土を当該現場において利用
セメント	高炉セメント，フライアッシュセメント，エコセメント
コンクリート	再生骨材を用いたコンクリート，高炉スラグ骨材を使用したコンクリート，フェロニッケルスラグ骨材を使用したコンクリート
舗装	現位置で路盤を再生する工法，透水性舗装，排水性舗装（騒音防止の目的）
型枠材	❶ 金属系の打込み型枠，プラスチックの打込み型枠 ❷ オムニア板などのコンクリート系の打込み型枠 ❸ リサイクルが可能な型枠（金属製・プラスチック樹脂製等でリサイクルが容易な型枠用パネル） ❹ 廃棄物利用型枠（廃プラスチック・廃木材・古紙・再生パルプ等の廃材を使用して製造された型枠用パネル）
緑化	❶ 伐採材及び建設発生土を活用した法面緑化工法 ❷ 屋上緑化工法（ヒートアイランド現象の緩和）
建設機械	❶ 排出ガス対策型建設機械 ❷ 低騒音型建設機械
設備など	❶ 洗浄水量が$10.5 \text{リットル}/$回以下の水洗式大便器 ❷ 太陽エネルギー利用システム ❸ 冷媒にオゾン層を破壊する物質が使用されていない氷蓄熱式空調機器 ❹ 処理後の生成物が肥料化・飼料化，又はエネルギー化等再生利用される生ゴミ処理機

久性，更新の容易性，転用性等），❻廃棄時の再資源化が容易である，❼廃棄時の処理が容易である（処理の容易性，有害物の有無等）が挙げられます．建設現場で対象となるグリーン調達品の例を表9.4にまとめます．

9.5 環境アセスメント

A君：モニタリングとは，廃棄物処分場で行う滲出水(しんしゅつ)の調査などですね？
所長：供用してからだけでなく，絶滅の恐れのあるオオタカの繁殖と工事の関係など施工中のモニタリングもあるね．
　　　対象が一つでない場合も多い．海域を埋め立てたりする場合には大掛かりなものになるからね．
A君：ということは，施工前にも行うのですね？
所長：発注前の工事に対して，ゼネコンがモニタリングはしないけど，発注者は事業を実施するかしないかを決める段階から行う．また，入札時にモニタリングの方法について，技術提案が求められることもあるよ．

　環境アセスメントとは，都市開発などの事業を行う場合に，立案から実施の過程で，その事業が自然に与える影響を事前に調査，予測，評価することです．その結果，事業を実施するかどうか，環境への影響を最小にするにはどうしたら良いか，代替案がないかを検討します．
　環境影響評価法（1997）では，必ず実施しなくてはいけない事業として，高速自動車道や産業物最終処分場，ダムなど13のカテゴリーから規模が大きく環境影響が著しい恐れがある事業を定め，第一種事業としています．
　実施にあたっては，国，自治体，住民の意見を聞きながら「方法書」を作成し，方法書に従い影響評価を実施して「準備書」を作成します．準備書は縦覧に供され，意見を勘案して「環境影響評価書」を作成します．環境影響評価書は許認可をする主務大臣に送られ，認可されます．
　生物の多様性，生態系の保護など定量的に規制できない自然環境を対象とすることが多く，建設工事が開始されるとフォローアップ調査（モニタリング）が実施されます．環境に悪い影響を与える要素を回避，低減するために，環境保全設備，工事の方法など施工計画に反映させることになります．

> **例** D空港拡張工事では，粉じん，騒音，振動はもちろん浚渫作業などに伴う水質の濁りなど，幅広く環境モニタリングを行っています（**表9.5**）。
> ここでは，動植物に対する生態系の環境保全について実施している内容を紹介します．対象の動植物の数が多いことがわかると思います．
>
> **表9.5　D空港拡張工事の環境モニタリング**
>
> | 実施項目 | モニタリングの内容 |
> | --- | --- |
> | 1. 環境保全への配慮 | ❶ 環境影響の回避・低減措置等の具体的内容および効果
❷ 当該環境要素に関する基準等と予測結果との比較 |
> | 2. 環境影響の検討 | ❶ 動物・植物・生態系の現況
　植物プランクトン，動物プランクトン，底生動物，付着生物，魚卵，稚仔魚，魚介類，鳥類，注目種
❷ 予測の概要
❸ 予測方法
　a. 予測手順
　b. 生物生息と環境要素の関係：水の濁り（SS），pH
　c. 生物生息・生育環境の変化の程度の予測
❹ 予測結果
　a. 水生生物への影響：水の濁り（SS），pH，土砂の堆積，建設機械の振動，夜間照明
　b. 鳥類への影響
　c. 注目種（カンムリカイツブリ，ダイサギ，ホオジロガモ，ホウロクシギ，コアジサシ，マハゼ，エドハゼ，トビハゼ，アサリ浮遊幼生）への影響 |

9.6 廃棄物の分類

A君：現場のごみは市で集めてくれないんですか？

所長：木材など産業廃棄物でなければ，事業系ごみとして集めてくれるよ．ただ，市によってルールがあるから相談する必要があるね．

A君：現場の事務所から出るごみは事業系のごみですけど，産業廃棄物ではないということですね．

所長：事業活動によって生じる廃棄物は，すべて産業廃棄物ではなく法律で決められたものだけをさす．それらは事業者の責任で処理しなくてはいけないんだよ．

廃棄物の処理について，基本を定めたのが「廃棄物の処理及び清掃に関する法律」（1970）です．**廃棄物処理法**とよばれ，環境の保全という観点から廃棄物の適正処理を確保するための体系が整備されています．

本法では，廃棄物を図 9.3 に示すように分類しています．廃棄物は一般廃棄物と産業廃棄物に分かれます．産業廃棄物とは，事業活動に伴って発生した廃棄物のうち，燃えがら，汚泥，木くず，金属くず，がれき類など 19 種類を指します．これらは事業者の責任で処理します．

一方，産業廃棄物以外を一般廃棄物といいます．一般廃棄物はごみとし尿に分類され，ごみは家庭から出される家庭系ごみと事業系ごみに分類されます．事業系のごみを含めて市町村が管理責任を負います．

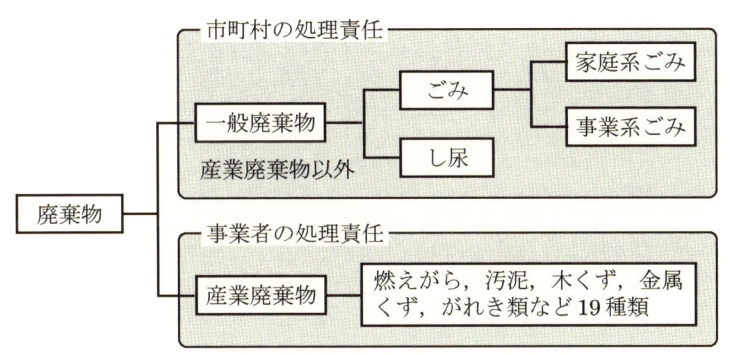

※特別管理一般廃棄物，特別管理産業廃棄物は図示していません．

図 9.3　廃棄物の分類

9.7　産業廃棄物の処理

A 君：汚泥の処分は業者に任せて大丈夫でしょうか？
所長：ちゃんとした業者を選んだから大丈夫だけど，一度は運搬車に同乗して，処分の状況を確認しないとだめだよ．あと，マニフェストを発行することを忘れないように．

建設現場から発生した産業廃棄物は，事業者自ら処理しなくてはなりません．自ら処理しない場合は，許可を受けた業者に委託します．委託にあたっては，産業廃棄物の種類，数量，運搬の最終目的地，処分の場所などについて契約を

締結するとともに，産業廃棄物管理票（マニフェスト）を交付します．これは，産業廃棄物を不法投棄など不適正な処分がされないためのしくみです．**図9.4**は7枚（A，B1，B2，C1，C2，D，E）綴りの実際のマニフェストです．

　建設現場が産業廃棄物の最終処分の行われたことを確認できるよう，最終処分者から建設現場および中間処理業者に送付する産業廃棄物管理票の写しに最終処分が終了した旨の記載を義務づけることとしており，これがマニフェスト

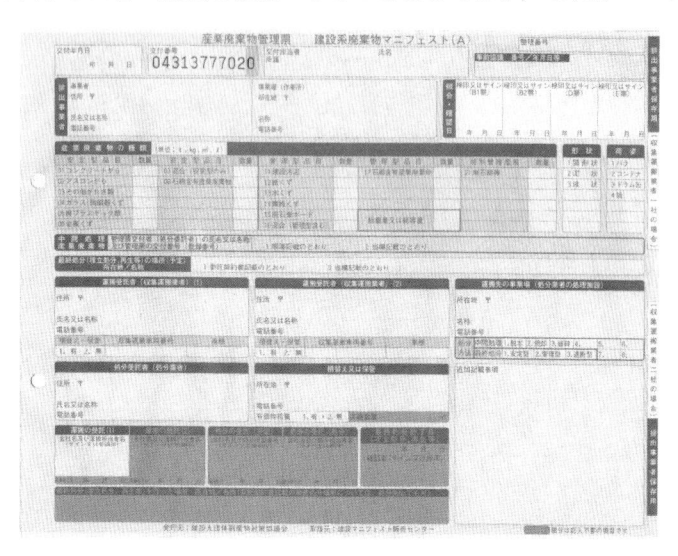

図9.4 マニフェスト

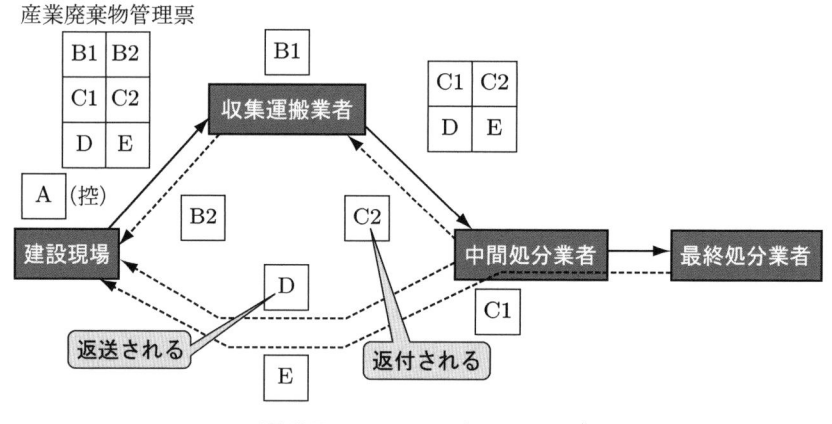

図9.5 マニフェストのしくみ

制度です．マニフェストの流れを図 9.5 に示します．建設現場が発行した A から E の管理票のうち，最終的に A, B2, D, E が手元に残り，これらを 5 年間保存しなければなりません．なお，1997 年の法改正後，建設廃材が「安定型廃棄物」から除かれました．

> **安定型廃棄物**：水に溶けず，腐らない廃棄物．安定型処分場でそのまま土に埋めることができる．

9.8　建設リサイクル法

A 君：道路の路盤材として再生アスファルトを使う設計になっていますね．
所長：この工事で最初に舗装を剥がしたとき，プラントに運んだけど仕上げの道路の舗装工事では，そのアスファルト塊を再使用するんだよ．
A 君：リサイクルですね．
所長：再生加熱アスファルト混合物などに再生処理したものを使用するんだね．建設リサイクル法で決められているとはいえ，アスファルト塊のリサイクル率は 98% にも達しているんだよ．

　建設リサイクル法の正式名は「建設工事に係わる資材の再資源化等に関する法律」（2000 年）といいます．建設廃棄物は，産業廃棄物全体の排出量の約 2 割を占めていて，発生量が増大することで，最終処分場の逼迫問題に大きな影響を与えます．資源を有効に利用する観点からも，再資源化を行い，再び資源として利用することが求められています．

　たとえば，国道上で開削工事を行うとすると，まず舗装を剥がします．このとき，アスファルトと砕石を分別して撤去します．これらは再生混合所（再資源化施設）に運搬されます．目的の構造物が構築され，埋め土されると舗装工事の材料として再生混合所に預けてあった資材を再生骨材および再生アスファルトとして再利用することになります．これらの行為が法律により，発注者および建設業者の責務として規定されています．

　コンクリートや木材などの特定建設資材を用いた工事や解体工事であって，その規模が一定以上のものが，この法律の対象になります．コンクリート，アスファルトはリサイクル率が高いのに対して，木材や汚泥など建築系の廃棄物の取り組みは遅れているようです．

課題 他社の環境報告書を取り寄せて読んでみましょう．インターネットから申し込めます．今後，地球環境のために何をしたら良いかのヒントが書いてあります．

第9講のまとめ

1. 環境報告書は，企業の環境配慮の取り組み状況などを定期的に報告するものであり，環境報告書を読むことで環境問題にどのように取り組んだらよいのかがわかる．
2. 環境問題に取り組んでいることが企業の価値を高める．
3. 循環型社会を形成するために守らなくてはいけない法律として，グリーン購入法，建設リサイクル法などがある．

工事現場の経営にあたり，つねに環境影響に意識をおき，社会の一員として果たすべき役割を認識しなければなりません．日頃から地球温暖化防止のために，CO_2 の削減に取り組んでいると思いますが，会社が生き残るためにはさらなる努力が必要です．

第3部

入社5年目B君の仕事術

　入社5年目のB君は，現在，本社の設計部で，二つの入札に関する技術提案を任されています．いまは本社勤務ですが，これから先，いつ現場に配属されるかもしれないので，監理技術者資格証は揃えてあります．

　本社のなかで設計部は，いろいろな役割を果たします．構造物の設計そのものばかりではなく，現場でのトラブルに対して設計の視点からの提案や，原因の究明などを行います．入札制度が大きく変わり，技術提案型の入札が増えてきたため，施工計画書や技術提案書をまとめる機会も増え，発注者に提案書を説明することもあります．

　このように，仕事をとるために，営業部だけではなく，会社の技術力を担っている設計部などの役割が大きくなってきています．研究所と一体になって，新しい技術を開発することもあります．

　第3部では，勤務年数が増えるごとにウエイトが重くなる人的資源管理，情報管理の話から始めます．また，工程管理や原価管理などから入札，技術経営へとシフトしていく経済性管理についても説明します．

第10講　人的資源管理
第11講　情報管理
第12講　入札制度とVE提案
第13講　技術経営（MOT）と公共工事品確法

第10講 人的資源管理

　経営とは人・もの・金を資源として活用し，利益を出すことです．最近ではこれに情報が入ることは序章で述べました．今回はこの人の活用に着目します．一人ひとりの社員に，いかにやりがいをもたせ，仕事に取り組ませるか．やる気のある社員，これが会社の活力です．

　設計部門のB君は，入社5年目を迎え，自分で考えて仕事も進められるようになり，また任せられる仕事も増え，元気いっぱいに仕事に取り組んでいます．仕事の内容としては，設計業務だけでなく，入札にかかわる技術提案書の作成や技術開発も手掛けています．

10.1　人的資源とは

役員が突然やってきて，○○計画について部長と話し始めました．
部長：そこはB君に任せているので，彼に説明させましょう．
　よばれたB君は，自分の思いも込めて説明します．
役員：なるほど，よく考えてあるね．ありがとう．
部長：折衝は私がしていますが，担当者レベルの細かいことはB君が何でもわかっていますから大丈夫です．
　鼻高々のB君，ますますやる気が出てきました．

　組織の最小単位は個人です．その個人のやる気を引き出し，企業活動の場で発揮させるかが，企業価値を創出するために重要です．いま多くの企業では，コスト削減やさらなる合理化といった流れに加え，事業そのものも大きく変化しています．このような大きな変化に対応し，さらに組織が新しい価値を生み出し成長するためには，創造力など人がもつ力を最大限に活かすことが大切です．このため，人の能力をうまく引き出す人事制度が求められています．

　さらに，人的資源の管理として，**労働法で定めた労働者の権利を守ることは経営者の義務**であり，労働法を理解し，長期の利益を追い求めるために，魅力的な職場環境を作ることが大切です．

10.2 働く目的

B君は仕事がおもしろくて仕方ありません．担当している△△プロジェクトで良い提案が浮かびました．
部長：ずいぶん早く仕上げたね．土日も出たのかい？
B君：はい，この提案書の作成を任せてもらえたのがうれしくて．何とか実現できるよう考えてみました．

人は何のために働くのでしょうか．建設エンジニアの場合，自ら設計・計画したとおりに建物や土木構造物が完成していく喜びは，何ものにも替えがたいものがあります．しかし，仕事に満足するだけでは生活していくことはできません．このため，努力や成果に対してそれに応じた地位や報酬を得られることが重要です．このように働く意味を，モチベーション（意欲）とキャリアの観点からとらえることができます．

個人が高めるモチベーションに対し，組織が与えるものにインセンティブがあります．インセンティブは，個人の欲求を満たし，個人がそれぞれの仕事に積極的に取り組む方向に向かわせることができます．インセンティブは誘因や，刺激と訳されます．とくに，企業が目標達成のために設けるインセンティブには，次のようなものが挙げられます．

❶ 物質的インセンティブ　給与や賞与など．
❷ 評価的インセンティブ　社長表彰など．
❸ 自己実現のためのインセンティブ　組織が役割を与え，達成感をもって仕事を行える環境を与えるなど．

10.3 人事評価

いつも一生懸命に仕事に取り組むB君は仕事ぶりが認められ，今年の春から給料が上がったようです．

B君：給料が上がるとやる気がでます．
部長：そろそろ自分が一生懸命頑張るだけでなく，後輩たちをいかに使えるかも評価される時期だね．

(1) 評価の目的

従業員のモチベーションに大きな影響を与えるのが，人事考課管理です．人事考課を行うたびに何かが確実に改善されなければ意味がありません．何のために人事考課を行うのか，次のような点で目的を明確にすることが大切です．

❶ 社員が不公平を感じることのない考課を行い，質の高い社員を増やす
❷ 社員の能力を開発し，会社の生産性を高め，会社の業績を向上させる
❸ 会社の業績を向上させ，社員の処遇も向上させる
❹ 処遇を良くし，優秀な人材が安心して働ける定着率の高い会社を作る

(2) 評価の方式

代表的な人事評価の方式として，年功序列型と成果主義が挙げられます．

年功序列型の人事は，かつて多くの日本の企業で広く行われていた制度です．基本給は年齢給や勤続給であり，これに職能給が加えられた給与体系です．人事考課によって，ある集団に対し相対的な順位をつけますが，多くの企業では考課の結果はオープンにされていません．

成果主義は，バブル崩壊による不況対策として，人件費削減のための手段に導入する企業が増えました．これにより総賃金を抑制することが可能になり，一方では社員に厳しく成果の実現を迫ることができます．期首に目標を設定し，期末に管理者がその達成度を評価することで，社員一人ひとりのやる気とチャレンジ精神を育むものです．

ところが，成果主義の陥りやすい問題点として，以下の点などがあります．
❶ 目先の成果にのみ関心と努力が集中する
❷ 安易な目標をたて，個人的ばらつきが大きくなる
❸ 育成的な視点が欠如する
❹ 当面の評価を気にするため，大きなテーマに取り組まなくなる

(3) 実績能力型人事・賃金制度

職種別・資格等級別実績能力型の人事賃金制度を採用する企業が多くなりつ

つあります．成果だけでなく職務遂行度・業績・コンピテンシー・能力評価などのプロセスも評価します．

> コンピテンシー：人事用語として，優れた業績を上げている人の「行動特性」．

ただ，評価は評価者の個人的な感覚にゆだねられていて，評価のばらつきやあいまいな評価がある場合もあります．自己評価と上司の評価に差異が生じたときに納得できる理由や説明するしくみなど血の通った制度の運用が重要です．

10.4 人材の教育

B君：今年の新入社員は例年になく，大勢いますね．
部長：景気が良くなってきたからね．仕事も増えそうだな．本当は，景気が悪いときほど優秀な社員を大勢確保できるんだけどね．
B君：僕らのころは採用が少なく，よく入社できたと思います．
部長：5年生研修はどうだった？
B君：ひさしぶりに同期と会いましたが，みんな，各部署で一人前のエンジニアになって，昔とは見違えるようでした．私も負けていられません．

人はそのままでは，経営資源としての価値がありません．人を資源とするための活動やしくみを提供する必要があります．人材育成にとって，目標を与えてやる気を起こさせること，能力やスキルを向上させることが重要です．

(1) 社内研修

建設会社では，建築と土木の売上高に応じて，建築と土木の社員を採用します．地域を限定して採用する方法もあります．また，大手の建設会社は，高等専門学校や大学の新卒者を採用し，長期にわたり人材教育をすることを好みます．

企業が存続するためには，人材が不足していれば調達し，余剰であれば解雇するというわけにはいきません．このため，毎年ある人数を採用することになりますが，その人数は景気に左右されてしまいます．ある年代層は極端に少ないといった現象が生じることもあります．状況が変化し，ある年齢層を厚くしたい場合には，倒産や人員整理をせざるを得ない会社など，外部から優秀な人材を獲得することもあります．

いずれにせよ新入社員に対して社内研修会が開かれ，会社の組織，経営方針

など基本的な事柄を学びます．その後，会社のプログラムにしたがって，○年次研修や主任研修など段階に応じた集合研修を受けることになります．

(2) 組織文化

組織文化とは，その組織に属す社員が共有している価値観や信念の集合です．入社すると，だれでも社長になれると教育される会社もあれば，同族会社で絶対に社長にはなれないという会社もあります．建設業界では，「作業所長（工事長とよぶ会社もあります）になれば一人前」と教育することで，所長のポストを目指して競争させ，能力を磨かせることが多いようです．所長のポストを経験させる人数を増やせば，大勢の社員に仕事に対する満足感を与えることができます．

(3) 教　　育

組織には，言葉や文章で表すことが難しいノウハウなどを伝達できる暗黙知と，言葉や文章で表現できる形式知の二つのタイプの知識があります．

現場に配属になった社員は，毎日の業務に追われて，技術とは何かについて悩み，このままの業務で技術力がつくのかと不安を感じるものです．会社としては，日々の業務において経験を通じた学習を継続して行う必要があります．また，職場での仕事を通しての教育訓練がOJT（On the Job Training）なのですから，社員にはつねにOJT教育の現場にいるということを認識させる必要があります．

これに対して，職場を離れての教育訓練をOFF-JTといいます．入社直後などに行う新人研修などはOFF-JTです．

(4) 発　　表

技術ばかりでなく安全にかかわる成功体験，失敗例など，現場の有用なノウハウを全社員が共有することは重要です．工事によっては社内の技術資料として，報告書を作成する場合もあります．これらは工事の完成後に書き始めるのではなく，施工中に書くことを念頭においてデータを集め，書き溜めておくのが良いでしょう．

かかわった工事には，必ず特筆すべきことがあるものです．積極的な外部の技術発表会での報告や，技術雑誌への投稿を自分自身に課すと日々の業務がお

もしろいものになります．そして，発表したら入札や個人の資格の継続のためにCPDのポイントを登録します（10.5節(2)参照）．

10.5 業務経験と資格

部長：B君は，そろそろ技術士の資格を狙う年齢だね．
B君：私の出身校の教育はJABEE（Japan Ac-creditation Board for Engineering Education：日本技術者教育認定機構）に認定されているので，一次試験が免除だそうです．
部長：それは好都合だね．技術者の資格は経営事項審査の技術力の評点に寄与するだけでなく，ないと監理技術者になれないなど個人にとっても不利になる．会社にとっても入札に参加する機会を増やすために，資格をもった技術者を多く抱えることは重要なんだよ．
B君：合格すると，給料が増える会社もありますね．
部長：うちは受験料と登録費用がでるだけだけどね．これからは組織として，資格に対して手当てや，地位に就く条件にするなどインセンティブを与えることが大切なことだからね．
B君：入札では技術資格だけでなく，業務経験が重要と聞きました．
部長：そうだね．会社としては多くの技術者に工事規模の大きな現場や特殊工法などを経験させるため，配属に工夫をしているよ．

(1) 業務経験

工事を担当する社員の場合，入社して，トンネル，ダム，橋梁などの専門家として育てられることもあれば，特定の地域でゼネラリストとして種々の工種を経験する場合もあります．本人の希望が受け入れられる場合もありますが，大方は会社の方針で各職場に割り振られることが多いと思います．

現在の入札制度では，大規模な工事，特殊な工種に対して，数多くの技術者を主任技術者，あるいは監理技術者としてCORINSに登録することが有利になります．

入札では配置予定技術者の業務経験が要求されます．入札に参加するために該当する技術者が10人いたとしても，つねに何らかの

> CORINS：公共機関などが発注した建設工事に関し，㈶日本建設情報総合センター（JACIC）が公益法人の立場で，工事実績情報のデータベースを構築し，各発注機関へ情報提供を行うシステム．

任務を担っているでしょうから，おいそれと引き抜くわけにはいきません．また，年齢的に要求されるポストにふさわしいかどうか，あるいは地域の問題もあります．このため，会社として今後どのような方向に向かおうとするのか明確な戦略が必要になります．そして戦略に応じて，こまめにローテンションさせるだけではなく，いかに経験者を増やすかが経営者の手腕にかかっています．

(2) 資　格

業務経験は個人ではどうにもならないことですが，資格に関しては自らの意思で挑戦できるものです．建設業に関する資格としては，経験年数に応じて受験資格の得られる一級土木施工管理技士や技術士などがあります．これらの資格を受験，取得することで基礎知識を磨き，世の中で要求されている資質を身につけることができます．

いまのところ経審の対象ではありませんが，土木技術者の能力を評価，証明する土木学会の技術者資格制度があります．近年，入札制度において土木学会認定の上級技術者，または一級技術者の資格が評価されるように

> **経審**：経営事項審査のこと．公共工事を受注するために必要な審査で，会社が格付けされる．

なっているだけではなく，この資格は，土木学会の活動に貢献するためには，なくてはならないものです．

また，資格を得たらそれで終わりではなく，最新の技術や知識を継続的に習得し，自己能力の維持と向上を目指し，講習会の参加や施工した技術の報告など継続教育（CPD：Continuing Professional Development）が必要になります．技術士会や土木学会が推奨する年間に必要なCPDのポイントを獲得しておくことは，個人として自身の専門的な能力を高めるだけではなく，総合評価方式による入札時の配置予定の監理技術者として登録する際に，技術力として加算されます．落札するのに有利になるということです．

10.6 組　織

　東北支店のダム現場に本社設計部からB君がよばれ，支店の技術室長と発注者に当初の施工計画とは異なる施工方法を説明しました．
支店の技術室長：本社から来ていただいたら，すんなり設計変更が決まってしまいましたね．
ダム現場の所長：そうですね．同じ話をしても現場の人間だけで対応しているのとは大違いで，発注者の態度が変わることがあるから不思議ですね．
B君：「会社全体で対応しています」ということが，発注者には安心感を与えるのかもしれませんね．

(1) 本社，支店

　大手の建設会社の場合，本社と支店をおき，さらにいくつもの営業所を構えています．海外に営業所をおくのは，情報を入手することが主な役割ですが，国内に営業所をおくのは，本社の所在地や営業所の所在地が入札時に企業の社会性として評価され，全国に配置していると有利になるためです．
　本社の組織は事業部制をとり，大きく建築本部と土木本部に分かれます．これに人事・財務など事務系が加わります．大手だと住宅事業やエンジニアリング部門，研究開発部門などがある場合もあります．
　同様に，支店の組織も建築部と土木部に分かれますが，その下にいくつもの作業所があることが大きな違いです．
　経営陣は，企業が長期に継続，発展するように組織の監督，調整，統制をします．組織は目的をもった集団であるため，つねに組織革新を図りながら経営を進めていく必要があります．グローバル化した現在の社会では，とくに内と外の情勢変化を見極め，原子力本部や海外事業本部などの新しい部署を設けたり，営業本部を建築と土木に統廃合したりするなどの戦略的な経営が必要とされています．

(2) 作業所組織

　図10.1は，一般的な作業所組織Aです．一見すると，指示命令系統がはっきりしているように見えます．大きく事務，機電，工事に分かれ，職能性組織とよばれます．大きな現場では，さらに工務を担当する係が必要になるでしょ

図 10.1　作業所組織 A

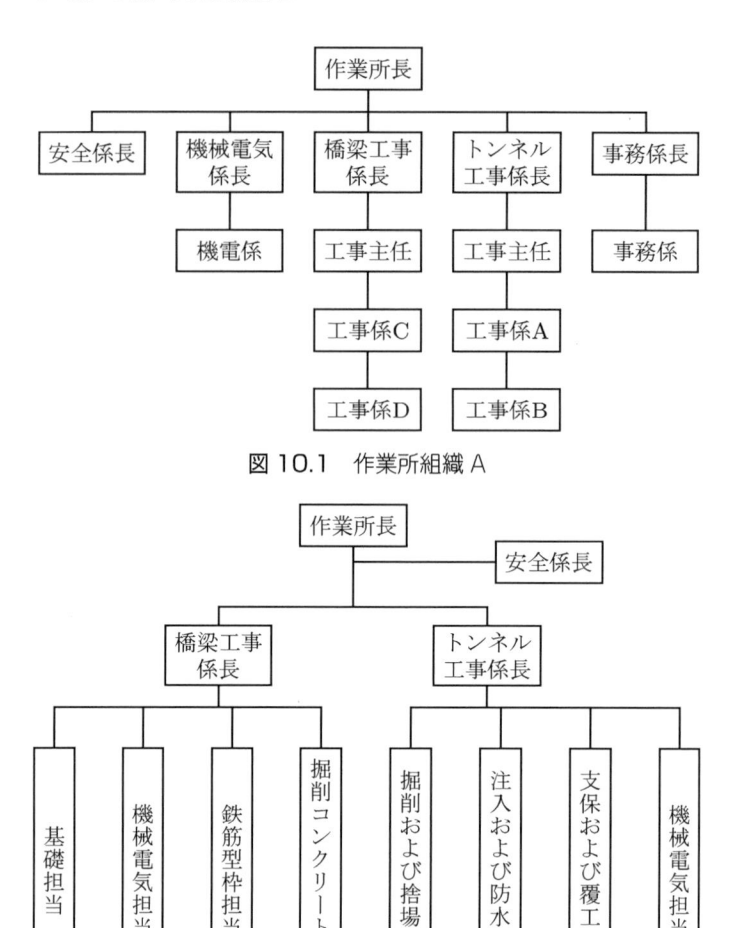

図 10.2　作業所組織 B

う．長所としては，複数の技術者が同一工種をチームとして管理することができます．反面，上下関係の役割ができるため，負担の程度が均一化せず，若手技術者には限られた仕事しか与えられないことになります．

　一方，**図 10.2** の組織 B は分業化ができていて，技術者一人ひとりに明確な役割を与えています．担当を分担することにより競争原理も働き，とくに，若年社員は段取りを自主的に考えるようになり，仕事のやりがいにもつながります．ただし，全員があるレベル以上の技術力を有することが前提です．

(3) 組織の活用

組織を活用する方法として，マトリックス組織が挙げられます．マトリックス組織とは，組織の編成に対し，一つの軸を中心にとるのではなく，二次元的な組織編制を行うものです．図 10.3 はマーケティングにおける例で，横列に支店，縦列に本社営業の担当部署が示してあります．一つの案件に対して支店と本社，両方の営業部からあたることになります．

技術においても，縦列にトンネル，海洋，ダム，シールドなど技術を並べるとマトリックス組織になります．横列は支店の技術室などです．このようにマトリックスに組織することによって，問題が発生した場合の対処や重要な技術提案に効率よくあたることができます．

本社営業 \ 支店	札幌	東北	関東	東京	名古屋	北信越	大阪	広島	四国	九州
鉄　道										
電　力										
河川・港湾										
道　路										
エネルギー										
⋮										

図 10.3　マトリックス組織

10.7　リーダーシップ

部長：△△プロジェクトの技術提案書をリーダーとしてうまくまとめたね．
B君：ありがとうございます．メンバーに恵まれたおかげです．
部長：年上の人が多いなかで，うまく仕事を分担できているよ．
B君：工事に対するみんなの思いが一つだったので，難しくはなかったです．

(1) タスク

タスクはプロジェクトともよばれ，常時の組織とは別に期限を決めて集められる臨時の組織です．たとえば，ある物件を入手するための技術提案あるいは技術開発が必要な場合に有効で，特定の場所に集められて作業をします．近年

は，インターネットの発達により自席で作業を行い，定期的に会議を行ってまとめ上げることが可能になりました．社内だけで完結しない場合もあり，とくに技術開発などは，社外の専門家を招聘することがスピード化につながります．

事故や問題が発生した場合には，社内の専門家が作業所に集められ，タスクフォースとして短期間で解決させます．災害復旧などもこの形態がとられます．このような場合，リーダーには通常の業務とは異なる権限が与えられます．

(2) リーダーの条件

地位が上がるに従い，人（部下など）を動かして仕事を進めなければならないことがあります．また，チームで作業をする場合は，誰かがリーダーとして全員をまとめなければなりません．

リーダーには，課題の遂行にまつわる行動と人間関係にかかわる行動の両面が要求されます．この二つの機能がリーダーに必要であるという理論がPM理論です．P機能とは課題を遂行・達成すること（パフォーマンス）であり，M機能とはメンバーの心を一つにする集団維持機能（メンテナンス）です．P機能は，目標達成のために部下に計画を綿密に立てさせる，仕事の進み具合の報告を求める，といったプレッシャーを与えるような行動です．M機能は，部下を信頼し，支持する行動が含まれます．

PM理論では，**図10.4**に示すように，P機能とM機能の二つの能力要素の強弱により，リーダーシップを四つの型に分類して評価しています（PM型，Pm型，pM型，pm型）．能力が強い場合は大文字，弱い場合は小文字で表し

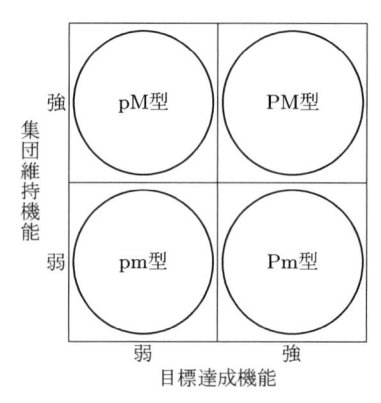

図10.4 PM理論によるリーダーの分類

ます．分析の結果では，PとMの両機能を行使するPM型のリーダーが優れた成果をもたらしているそうです．

人は，成果を出すためには，何をすべきか，どのような行動をとるべきか，つねに考えています．現在ではとくに，上に立つ人の強力なリーダーシップと達成のためのマネジメントが求められています．

10.8 労働三法

B君は労働の六法全書を読んでいます．
部長：B君，法律の勉強かい？
B君：今年から組合をやることになったので，少し読んでいたんですが，項目が幅広いですね．
部長：残業時間のこと，休日出勤のことなど身近なことが労働基準法に書かれているよね．理解するだけではなく，男女雇用均等法など，新しく施行された法律の内容がわが社の労働協約などに取り入れられているかをチェックする必要があるね．

> **労働協約**：労働組合との交渉結果を明文化したもの．

労働基準法，労働組合法，労働関係調整法の三つをまとめて労働三法とよびます．これらはいくつもある労働に関する法律のうちの中心になるものです．

❶ **労働基準法** 労働条件についての最低基準を定めたものです．この法律を下回る労働条件は無効になり，労働基準法の条件が適用されます．主に労働契約，賃金，休暇，解雇，安全，女子や年少者について定められています．

❷ **労働組合法** 労働者と使用者が労働条件について対等の立場で交渉できるようにすることを目的としています．主に労働協約の締結，団体交渉権，労働組合を組織することを定めています．

❸ **労働関係調整法** 労働争議の予防，解決，労働関係の公正な調整のための法律です．労働争議の調停，仲裁のために労働委員会による裁定を行うことが規定されています．

> **基本** 労働基準法の抜粋を載せます．一字一句覚える必要はありませんが，労働者として，これくらいの内容は覚えておきましょう．

(1) **労働条件** 労働条件は，労働者が人たるに値する生活を営むための必要を充たすべきものでなければならない．（第一条）
　　また，労働条件は，労働者と使用者が，対等の立場において決定すべきものであり，労働者及び使用者は，労働協約，就業規則及び労働契約を遵守し，誠実に各々その義務を履行しなければならない．（第二条）
　　使用者は，労働者が女性であることを理由として，賃金について，男性と差別的取扱いをしてはならない．（第四条）
(2) **労働時間と割増賃金** 使用者は，労働者に，休憩時間を除き一週間について四十時間を超えて，労働させてはならない．使用者は，一週間の各日については，労働者に，休憩時間を除き一日について八時間を超えて，労働させてはならない．（第三十二条）
　　使用者は，労働時間が六時間を超える場合においては少なくとも四十五分，八時間を超える場合においては少なくとも一時間の休憩時間を労働時間の途中に与えなければならない．（第三十四条）

課題 ここに挙げた以外の条文も読んでみましょう．身近な法律であることがよくわかるはずです．

第10講のまとめ

1．担当を分担することで競争原理が働き，仕事のやりがいにつながる．
2．資格を取り，積極的に外部に発表するなど継続教育を心掛け，CPDのポイントを登録する．
3．労働法に定められたことを守るのは，経営者の義務である．

　個人のやる気を起こさせる秘訣は，仕事を任せることです．管理職の人は，最低限の有効なアドバイスをして正しい方向に導き，失敗した場合には一緒になって責任をとることで，人的資源を最大限有効活用させるよう心掛けてください．
　また，若手技術者にとって，まずは一級土木施工管理技士，技術士，一級建築施工管理技士などの資格を取得することが，経営に参加する第一歩です．仕事にもプラスの内容ですので，ぜひ頑張って資格を取得してみてください．

第11講 情報管理

近年，情報システムと情報通信ネットワークの整備により，また業務に関する書類が電子化されたため，効率的な情報伝達が可能になりました．その反面，情報に関するリスクも増大しており，緊急時の情報のあり方，情報の活用，特許を含めた情報を守るための取り組みが重要になっています．

今回は，経営資源の一つである情報について学びます．

11.1　情報技術とは

部長：若い人にとって現場におけるコンピュータの利用は当たり前のことだろうけど，われわれの世代にとっては隔世の感があるなあ．

B君：たとえばどのようなことでしょうか？

部長：□□作業所にパトロールに行ったとき，監督が土留杭を削孔中に，パソコンの画面を見ながらオペレータに指示していたんだよ．鉛直精度や位置のずれ，土の硬さなど手に取るようにわかるからね．

B君：データの整理もできるので，いまでは必要不可欠ですね．

IT（Information Technology：情報技術）化は，経営課題を解決する手段として，経営戦略と一体となって進められています．これをIT戦略といいます．ITは経営管理のシステム化を行い，企業体質の向上，業績の向上に役立てるだけでなく，社会のしくみそのものを大きく変えつつあります．

建設現場においても情報が電子化され，パソコンなしでは仕事ができない状況です．発注者との連絡は電子メールが中心になり，図面はCAD，工事写真はデジタルカメラで撮影され，竣工図書は電子納品という時代です．工程管理，原価管理，品質管理，安全管理（入退場管理システムなど）が行えるシステムを利用している現場も多いようです．このようなIT化は，さまざまな建設現場の業務の省力化を可能にしています．

11.2 ITの利用1：情報化施工

本社のパソコンの前で，B君は現場のモニターを見ています．先月，現場でトラブルがあったため，本社でも現場の監視システムと回線をつなぎました．
部長：現場はうまくいっているのかい？
B君：この画面を見てください．変状も収まり，順調に出来高も伸びています．
部長：ここの圧力が少し高いな．
B君：そうですね．すぐ現場に連絡します．

建設の施工現場において，情報を活用することで施工の合理化を図る生産システムを情報化施工といいます．情報化施工は当初，土留の管理を指していましたが，いまでは幅広い概念として，自動化施工による省人化，安全性の向上なども含むようになっています．そして，次に挙げる技術は自社で保有していないと，関連する工事を受注する機会が失われることがあります．

❶ **リアルタイムのデータによる施工管理**　掘削に伴う土留支保工の管理，アンダーピニングの管理を始め，シールドの掘進管理，地表面沈下管理などの計測データをリアルタイムで施工に活かします．

盛土の締固め管理として，ローラの走行軌跡，転圧回数，巻きだし厚の管理が行われています．同様に，RCCダムの施工管理には欠かせません．GPSを利用した仕上げ整形まで行われるようになりました．

❷ **遠隔操作による無人化運転**　危険区域内でのラジコン操作による重機の無人化運転が挙げられます．雲仙普賢岳，有珠山，三宅島では火砕流の現場で大いに活躍しました．

シールド工事ではセグメントの自動搬送，エレクタへの供給，セグメントの自動組立てといった一連の自動化施工システムを完成させ，省人化に貢献しています．

❸ **遠隔モニタリング・技術支援システム**　本社の技術部門など遠隔地にいる技術者が，現場の画像データや計測データをインターネットで入手し，現場の施工管理，品質管理に対して，指導や支援を行います．

11.3　ITの利用2：地図情報

B君：大型現場の測量にはGPSが欠かせないですね．
部長：まさにITは革命だね．災害など緊急対応時の電子情報通信や映像画像処理技術を防災に活かすなど，いろいろな取り組みが行われている．上の地位の者も，これらについていくことができないようじゃいけないな．

> GPS（Global Positioning System）：人工衛星を使った位置確認システムのこと．

(1)　衛星情報

　人工衛星の情報を利用して広範囲の情報を同一条件，同一精度で同時に取得可能になりました．これらは，デジタル情報であるといった特徴があります．一定周期でのデータが得られることから，土木分野では地盤管理，自然環境や災害の監視，河川・湖沼・ダムの管理，海洋や海岸の管理，道路計画および管理，環境モニタリングなどに利用されています．

(2)　GISの利用

　GIS（Geographic Information System）は，地理情報システムとよばれます．地図を使う作業について，デジタル化された地図を共通のベースとし，関連する情報を統合した情報システムです．
　情報の統合，共有化ができるため，行政や企業活動のあり方を大きく変える可能性があります．土木分野では下水道，道路管理，都市計画，河川管理など広く導入されています．

11.4　ITの利用3：建設CALS/EC

部長：この図面は自分で描いたのかい？
B君：発注者から図面を電子情報でいただいて，修正箇所を描き込みました．
部長：それは便利だね．
B君：正確ですし，きれいに仕上げることができます．
部長：昔は第二原図を修正液で消して書き込んでいたもんだけどね．
B君：データを圧縮してメールでやりとりできるのも便利です．

国土交通省をはじめとする公共工事を執行する機関では，ITを活用したデータの標準化と公共事業の業務プロセスを革新する取り組みとして，CALS/ECを推進しています．

CALS/ECとは，設計から製造・流通・保守に至る製品などのライフサイクル全般にわたる各種情報を電子化し，情報ネットワークを利用して技術情報や取引情報を共有化することで，コストの縮減，生産性の向上などを図ろうという取り組みです．これらの電子化，利用，共有化を三要素とよび，それぞれのメリットを**表11.1**に示します．具体的な達成イメージは，次のとおりです．

> **CALS/EC**：CALS は Continuous Acquisition and Life-cycle Support の略称で，「継続的な調達とライフサイクルの支援」と直訳される．EC は Electronic Commerce の略称で「電子商取引」と訳され，合わせて公共事業支援統合情報システムとよぶ．

❶ 関係機関がもつ地理空間情報の整理・共有
❷ 設計図，地図のCADによる一元化
❸ ペーパーレス化（現場での設計図の加工，施工計画図面・完成図面の作成）
❹ 計画から維持管理まで，各段階で情報の共有

表11.1　CALS/ECのメリット
（土木学会一級技術者認定試験問題より）

三要素	メリット
情報の電子化	❶ 省資源 ❷ 省スペース ❸ 検索時間の短縮 ❹ 国民への説明能力の向上
情報ネットワークの利用	❺ 移動コストの削減 ❻ 現場作業の安全性向上 ❼ 住民情報サービスの向上 ❽ 防災・維持管理
情報の共有化	❾ コスト縮減 ❿ 品質の向上 ⓫ 社会資本の有効活用 ⓬ 官民技術レベルの向上

11.5　ITの利用4：電子入札

B君：完成図面を電子情報で受け取っていただけるのはありがたいですね.
部長：これを印刷すると，その手間や費用だけでなく，保管場所まで必要だからね．しかし，相変わらず，電子情報のほかに製本しろという得意先もあるから，そのつど確認しないといけないよ．

　CALS/ECは，公共事業をIT化し，インターネットを活用した「電子入札」や「電子納品」などを可能にしました．これによって，公共事業の透明性向上や業務の効率化を図ることができるようになりました．

(1)　電子入札

　電子入札とは，インターネットを用いて公告，入札，開札，結果の公表など一連の入札業務を電子化することです．電子入札に参加するためには，あらかじめ電子証明書を取得する必要があります．国土交通省の場合，電子証明書はICカードであり，通常，支店長など代表権者の名前で登録します．
　建設業者にとっては，発注者の事務所に出向く手間が省け，発注者側にとっても入札関連業務の効率化と入札の透明性を向上することができます．開札結果もWeb上で確認でき，結果が「保留」などと表示されると，低価格入札として電話で呼び出されます．入札した価格に対する理由書，積算内訳書など10を超える書類を提出することになりますが，これらの書類に関しては電子情報ではなく，持参してヒアリングを受けることになります．

(2)　電子納品

　設計等業務成果物・工事完成図書など公共工事に関する図面，写真などの成果物を電子データにより提出することを電子納品とよびます．電子納品は，次の効果が期待されます．

❶　情報の共有により，伝達ミスや情報の行き違いがなくなる
❷　短時間で情報交換ができ，より迅速な業務の執行が可能となる
❸　情報の電子化により，保管スペースが削減される
❹　情報の電子化，データベース化により，検索が簡易に行える

11.6　情報の活用1：データベース

B君は，地下鉄の駅の施工方法について，比較表の作成を依頼されました．
部長：明日までにできるかい？
B君：設計部にはあらゆる工事の比較表がデータベース化されているので，以前より格段に比較表の作成時間は短縮しています．ですので，明日までに十分間に合います．
部長：過去のデータは大いに活用してほしい．しかし，その現場固有の問題をちゃんと織り込まないといけないよ．
B君：はい．ボーリングデータも手に入れましたから万全です．ここでは非開削で行うことがベストだと考えています．

　情報を活用することで業務の効率化が図れます．業務としてまとめた書類は，自分だけのデータにせず共有化することが必要です．また，組織の説明責任として社会に対する情報公開の必要性が高まり，従来だったら開示しなかったような情報も積極的に開示する場合が増えています．このように，経営資源としての情報の役割はますます重要になっています．

(1)　情報に関する標準化

　電子化された資料を，電子化したままでやりとりできるととても便利ですが，データを相互に活用しやすくするため，システムやフォーマットを標準化するなど「情報に関する標準化」のルール作りが必須です．建設分野では，次のような理由で，情報の標準化効果が他産業と比べて高いとされています．

❶ 建設工事は計画・設計・施工から供用するまでの過程を複数の企業・組織が分担している
❷ 長期間にわたる情報の活用を求められている
❸ 書類1件当たりの情報量が多い

(2)　情報の共有化

　個人が所有するデータを他の人も利用できれば，重複した作業が減り，時間と労力を効率よく使えます．
　電子化されたデータベースは，インターネットを使って特定のテーマに沿っ

たデータを集めて管理でき，容易に検索することができます．たとえば，施工方法の比較表，施工計画書，安全関係の書類，各種届けなどをデータ化し，データベースで一元管理します．部門を超えてデータを利用できるようにすることで，業務の迅速化，効率化が図れます．また，事故の原因などの情報を共有化することで，対策を立てられ，労働災害を減らせるメリットもあります．

(3) 開示基準

コンピュータを利用したコミュニケーションは一般化し，情報を利用するばかりでなく，自ら情報を発信する機会も増えています．

開示すべき情報には❶PR情報，❷財務諸表，❸環境アカウンタビリティなど組織の説明責任として必要な情報が挙げられます．従来は開示してよいかどうか判断しづらい情報については，開示しない場合が多かったようですが，積極的に情報公開することが得策であると判断されるようになりました．

不祥事が発生した場合など，事実を隠そうとすることや，不正確な情報を流すことで，不祥事そのものより対応のまずさで社会的信用を失うことがあります．**あらかじめ，不測の事態を想定して，緊急時の開示基準を明確にしておき，適切に情報公開することが重要です．**

(4) 情報倫理

インターネットを利用するネットワーク社会は，組織内の情報が物理的に社外とつながっていること，迅速な情報伝達が可能であること，多数の受け手に対する情報発信が可能であること，情報のコピー移動が容易であることが特徴として挙げられます．このため，情報処理活動を行う際に，法律とともに，次のような，倫理的な視点が要求されます．

❶ 他人の名誉や信用，プライバシーの不可侵
❷ 情報の出所，信頼性，正確さについて，責任の所在と損害を被った者への対応
❸ 情報の所有者，情報交換・送受信の経路の所有者の明確化

11.7 情報の活用2：情報分析

B君：最近，社内メールでアンケートに回答することが多いんですが，結果の

集計がおそまつだと思われませんか？
部長：確かに，アンケートそのものも，何を引き出したいのかよく整理されていない気がするね．

情報も集めただけでは単なる資料にすぎず，分析しなければ価値はありません．アンケート調査も，仮説をたて，それを検証するための設問にすることで分析しやすくなります．

自社を分析する方法として，SWOT 分析があります．自社の強み（Strong），弱み（Weak）を把握し，外部環境を分析することで，自社事業にとってチャンス（機会：Opportunity）となるもの，脅威（Threat）となるものを把握します．図 11.1 にトンネル工事に対する SWOT 分析の例を示します．マトリックス・データ解析図（図 2.11）を利用して，組織内部の強みと弱みを書き出してあります．

さらに，次の視点で経営課題を抽出します．
❶ 強みを活かして新たな受注機会をものにする
❷ 弱みを補強して受注機会を失わないようにする

このように技術情報などから，自社にとって弱い分野やニッチの分野の技術を見出します．SWOT 分析は，技術開発のテーマ探索に使うこともできます．

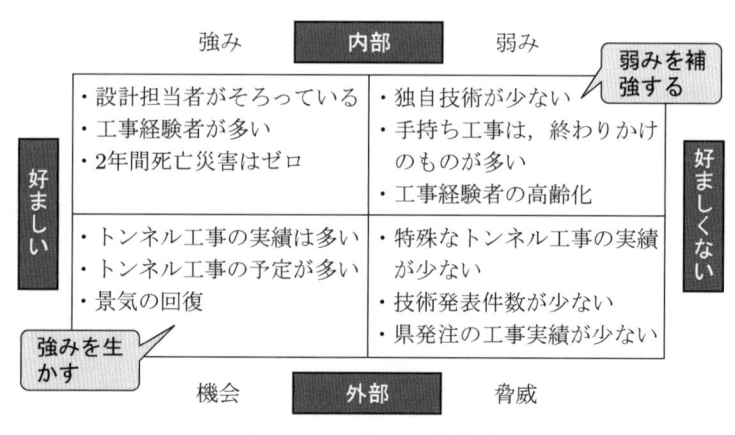

	強み（内部）	弱み（内部）
好ましい（機会）	・設計担当者がそろっている ・工事経験者が多い ・2年間死亡災害はゼロ	・独自技術が少ない ・手持ち工事は，終わりかけのものが多い ・工事経験者の高齢化
好ましくない（脅威）	・トンネル工事の実績は多い ・トンネル工事の予定が多い ・景気の回復	・特殊なトンネル工事の実績が少ない ・技術発表件数が少ない ・県発注の工事実績が少ない

強みを生かす／弱みを補強する

図 11.1　SWOT 分析例

11.8 情報の活用3：情報の信頼性

B君：□□鉄道のDさんは保守的なので，なかなかこの新技術の提案をわかってくれません．

部長：過去に新技術を採用して，苦い経験があるんだよ．慎重なだけで，絶対にだめといっているわけではないから，何とか説得してみてほしい．

(1) リスクコミュニケーション

　リスクコミュニケーションとは，リスクの性質，大きさ，重要性，その対策に関して情報を交換することです．リスクコミュニケーションに影響を与える要因として，送り手の要因，受け手の要因，メッセージの要因，媒体の要因があります．送り手の要因として信頼性が重要です．同じ内容でも，表現の方法によって受け取り方は大きく異なります，これをメッセージの要因といいます．これらを認識した上で，リスクコミュニケーションを進める必要があります．

(2) リスク認知のバイアス

　通常，情報にはバイアスとよばれる偏りが入り込みます．バイアスによって，どのように解釈が変わるかは受け手の要因が強く影響します（**図11.2**）．バイアスには正常性バイアス，楽観主義バイアスなどがあります（**表11.2**）．

　会話にあったように，新しい技術を実施するかどうかの判断において，技術そのものではなく，過去に新しい技術を採用して失敗した経験から受付けないというのは，まさにバイアスです．

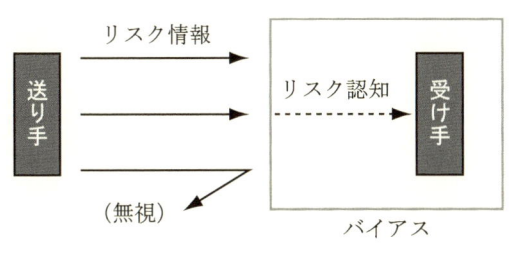

図11.2　リスク受容の概念図

表 11.2　バイアスの種類

バイアスの種類	内容
正常性バイアス	ある範囲内であれば，異常性を示す情報でも正常であると解釈しようとする傾向のこと．
楽観主義バイアス	情報に対して，異常な事態が起こるかもしれないと判断することで，日常的な事態と変わらないだろうと，楽観的にみようとする傾向のこと．
バージン・バイアス	未経験のリスクに対して，リスクを過大または過小に評価することが多く，正しい判断が得られない可能性があること．
ベテラン・バイアス	過去の経験が情報を解釈する上で災いして，判断を誤らせる可能性があること．
カタストロフィー・バイアス	起こる確率はきわめて低いが，破滅的な被害をもたらす恐れのあるリスクについては，過大評価をする傾向があること．たとえば，原子力発電所の事故などが挙げられる．

11.9　緊急時の情報のあり方

原子力発電所の事故は，小さなことでも注目されます．
B君：△△電力のトップが先ほどと違う内容で謝罪しているニュースをやっていますよ．
部長：正確に事実が伝わっていなかったんだろう．かわいそうに．

　企業では，さまざまな情報を処理しながら業務を行います．意思決定者は，必要に応じて加工された適切な内容と量の情報を必要としており，その情報から判断し，行動を決定します．

意思決定：行動を起こす前に行われる行動の選択のこと．

　組織における情報の管理形態は，通常業務における情報管理と緊急時における情報管理に分けて考えます．通常時には幅広い情報を収集，蓄積し，さらにそれらを分析し，必要に応じて十分な質と量を意思決定者に伝えることが重要です．緊急時には，限られた時間のなかで情報を収集・分析・伝達することが求められます．

　十分な情報を伝達することは重要ですが，情報量が多過ぎると，意思決定者は分析に時間がかかり，迅速な意思決定ができません．そのため，伝達する情

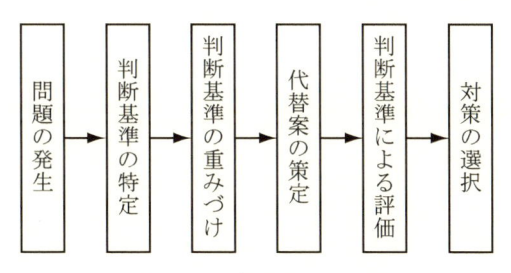

問題の発生 → 判断基準の特定 → 判断基準の重みづけ → 代替案の策定 → 判断基準による評価 → 対策の選択

図 11.3　意思決定の流れ

報の判断基準が必要になります．そして，より的確な判断を下すことが求められます．

図 11.3 に問題が発生してから意思決定までの流れを示します．判断基準を特定し，それらに重みをつけます．いくつかの代替案を策定したあと，あらかじめ決められた判断基準に従い，対策を選択します．

ところが，階層構造で対応しようとすると，情報はトップに直接ではなく，第三者を介して伝えられることが多いため，仲介者のバイアスが入ります．よくある例として，現場で生じた不都合な情報を中間管理者がトップに伝えないことがあります．この場合，図 11.3 のフローは始まりません．組織における情報の収集と選択におけるバイアスを防ぐには，意思決定者がどのような情報を必要としているか明確にしておくことが必要です．

11.10　緊急時の広報

一昨日海外の現場で事故があったようです．本社にいても報道された以上の状況はわかりません．

B君：今回の事故について，われわれ社員ですら状況が知らされていないのは，問題がありますね．

部長：そうだね．社外の人から見たら，内部の人がちゃんと説明できないのでは不信感が募るいっぽうだからね．最低限，内部に対して安全であることを説明する必要があるな．

(1) 安全のための広報活動

災害時には，どのように状況が変わるか予測しづらいので，情報を整備し，柔軟に対応できるようにしておくことが重要です．そのために，まず，何が起

こっているのかを知り，次にそれに対して，何ができるか，何をするべきかを考え，同時に，次はどうなるかを予測し，決定します．

一人だけで決定しても，関係者が共有しなければ，社会的な決定にはなりません．時々刻々と変化する状況のなかから必要な情報を収集し，分析し，とりうる最善策を決定し，その結果を関係者に周知します．

(2) 安心のための広報活動

安心のための広報とは，具体的な被害が発生していなくても，誤解や不安を与えないために行われる広報のことです．

災害対応において初期の対応が大切なことはいうまでもありません．しかし，この時期にはあまり情報が集まりません．時間の経過とともに，さまざまな情報が集まります．あふれる情報のなかから信頼性の高い情報を迅速・正確・具体的に提供し続けるとともに，災害に関する統一見解を，必要な頻度で提供することは，災害対応を進める上で重要です．

工場火災などの災害が復旧した場合，近隣に危険がなくなったことを積極的に広報することが必要な場合もあります．

11.11 情報を守る：特許

B君は，新技術を新聞発表することになりました．
部長：特許の出願は終わったのかい？
B君：先ほど知財部から連絡がありました．関連する2件も同時に出願したそうです．
部長：新聞発表によって，新規性が失われ，特許を受けられなくなるからね．
B君：他社が特許を先に出せば，その技術を利用するときに使用料を支払うことになるのですよね．
部長：審査請求せずに特許を他者に取得されないことを目的とした防衛出願という場合もある．特許が成立すると，特許年金を支払うことになる．特許を維持するのにもお金がかかるからな．
B君：アイデアの防衛のため積極的に提案してみます．
部長：入札時の技術提案のなかには落札しなくても，他社に使われたら困るものがあるはずだ．

工業所有権には特許権，実用新案権，意匠権，商標権があります．このうち特許権は「自然法則を利用した技術的思想の創作のうち高度なもの」で，かつ新規性のある発明に与えられるもので，成立すると出願してから20年間保護されます．

特許を出願する流れを**図 11.4**に示します．特許を取得するには出願の日から3年以内に審査請求の手続きが必要です．審査請求をすると必ずといっていいほど拒絶理由の通知書が届きます．このとき，拒絶理由が「容易に考えられる」であれば，覆すことは簡単ではありませんが，そうではない場合，たとえば審査官が「同一である」とみなしていても，多くは違いがあるものです．再度見直し，特許出願を検討してみましょう．

他社が出願公開した特許に対しては，注意が必要です．他社の特許が成立した場合，不利益を被りそうなものに対しては，特許庁に対して情報を提供します．

企業で働く人が考案した発明は，たいてい仕事上の課題解決や企業内での研究からうまれたものです．また，特許出願は弁理士に支払う金額も含めてお金がかかるため，発明の権利を会社に譲渡し，自らは発明人であるけれど企業が出願人になる形式をとります．これを職務発明とよびます．

企業によって異なりますが，出願時および特許登録時にわずかな報奨金が与えられる場合もあります．実際，その特許により実施料に対する収入があると，決められた対価をもらうことになります．毎日の業務のなかに，発明のヒントは隠されています．壁に当たりその課題を解決できたら特許出願を考えてみてください．

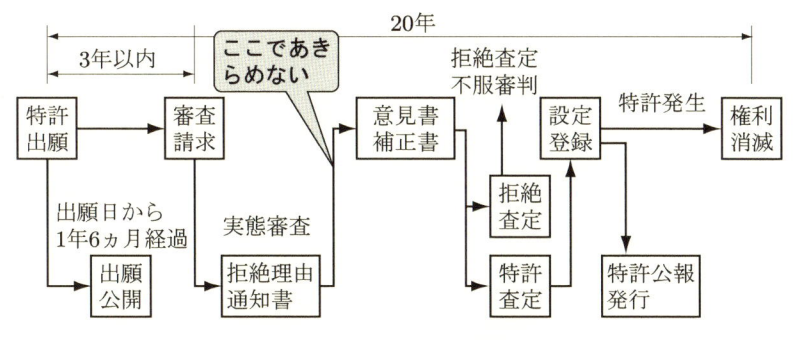

図 11.4 特許制度の流れ

課題 情報管理に関する身近な問題と解決策を考えてみましょう．災害が起きると回線が混んで電話がつながらない，山間部では携帯電話のつながる場所がわからない，災害情報が流れても1分間で何ができる？　など問題はたくさんあります．

第11講のまとめ

1．情報は意思決定者が判断し，行動を起こす原動力となるため，意思決定者がどのような情報を必要としているかを明確にしておく．
2．情報処理活動を行う際に，法律とともに倫理的な視点が要求される．
3．緊急時には安全のための広報活動と，安心のための広報活動があり，情報を共有すべき対象は，被災地にいるすべての人々である．
4．特許は企業戦略的にも重要であるので，積極的に出願する意義がある．

　情報は集めるだけではなく，共通に利用することや，分析し対策を講じることで初めて価値がうまれます．普段何気ないやりとりにも情報は多分に含まれていますので，情報を取り扱うときは気を付けましょう．また，特許は積極的に出願してみましょう．

第12講 入札制度とVE提案

入札のときに技術提案が求められる時代になったと，第1講（1.6節「時間の短縮」）でもふれましたが，毎回，他社と差別化できる目を引くような提案を出し続けるにはコツがあります．VEは，一般的に行われている施工方法から脱却して，新しい解決手段を見い出す技術です．

今回は，実際にどのような形でVE提案の入札が行われているのかを学びます．

12.1 入札制度

B君：建設事業では，なぜ入札という制度がとられているのですか？

所長：建設業における商品である建物とか土木構造物は単品生産で，いくらかかるか不明瞭なものに対して注文しなくてはならない．そこで入札といって数社に積算してもらい，そのなかでもっとも安いコストを提示した会社に発注していたんだ．

B君：だれでも入札に参加できるのですか？

所長：発注者の立場で，良いものを造ってもらうには，それなりの技術力のある会社に頼みたい．そこでコスト以外の要素を入札に取り入れるしくみが必要になってきたんだね．

(1) 建設業の特徴

普段のニュースでも「競争入札」という言葉は耳にします．だれでも「入札」と聞けば，どのようなことかをイメージすることができると思います．ではなぜ入札という形式が必要なのでしょうか．

公共工事の多くは，入札制度により請負業者を決定しています．入札制度とは，もっとも有利な条件を示す者と契約するために，複数の競争者に見積もりを出させて契約者を決める契約の方法です．従来，原則としてコスト最小の業者が落札していました．これは，だれが施工しても同じものができることを前提にしていたわけです．しかし，近年，入札制度に変化が表れ，請負業者の技

術力が問われる時代になってきています．価格だけではなく，品質管理の優れた会社，あるいは安全対策のしっかりしている会社などが強くなっています．また，業者の環境保全に対する意識も入札に影響を与える時代になっています．

(2) 多様化する入札制度

入札制度には，一般競争入札と指名競争入札があります．一般競争入札は公開募集をするしくみで，指名競争入札は行政側が業者をランク付けして選定し，入札させるしくみです．従来，指名競争入札が公共事業発注の主流でしたが，官製談合を防止するため，指名競争入札を廃止し，一般競争入札を原則とする制度に移行しています．

ただし，地元業者による緊急の災害復旧工事などを指名で発注したり，地域経済対策として地元業者を優先などの条件を付けた「制限付き一般競争入札」を規定したりする場合はあります．

国などは，一歩進んで，総合評価方式や民間の技術力を活用する工夫として，入札時VE方式（12.5節(1)参照），設計・施工一括発注方式（12.5節(3)参照）などを行っています．これは，価格以外の要素を重視したり，民間で開発した技術を活用することにより，コスト縮減を図るためです．

(3) 入札ボンド

入札ボンドとは，落札した場合の契約履行を損害保険会社や金融機関，公共事業補償会社が保証する制度です．建設会社は，入札参加のために金融機関などに財務状況の審査を受け，財務内容や信用力の審査に合格しなければなりません．これにより不良不適格業者の参入を排除することができます．経営状況の悪い会社は，ボンド発行機関の与信枠（限度額のこと）が小さいため，発行機関がボンド発行に応じるかどうかで過大受注を制限することもできます．

また，入札ボンドは，入札者が落札を辞退した場合に，発注者が被る損害の補填を補償する役割があります．とくに，受注者が債務不履行に陥った場合，発注者が被る損害金額を補填することを履行補償ボンドといいます．受注者は契約締結時に履行補償ボンドを発注者に提出します（**図12.1**）．

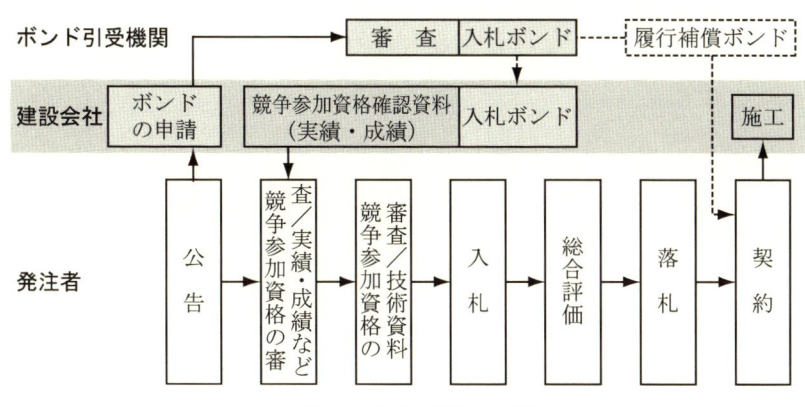

図 12.1　入札手続きの流れ

12.2　経営事項審査

B君：雑誌に経営事項審査のランキングが出ています．売上高はうちのほうが高いのに，評点はS社のほうが上ですね．でも，ある程度の点数をとっていれば何も変わらないですよね？

部長：難しい質問だね．会社の状況を外部から見て点数化したのが経審だから，経審の点数は工事の難易度に合わせて足切りに使われることもある．

B君：それでは評点を上げる努力が必要ですね．

部長：評点を上げるために技術職員を増やしたり，完成工事高を増やしたりしても利益を圧迫すると評点が上がらないしくみになっている．バランスが大事なんだね．何をしたら評点が上がるか，日頃から社員は考えて行動しなければならないよ．

公共工事の入札参加資格を得るためには，「欠格要件」，「客観的事項」，「主観的事項」による資格審査を受ける必要があります．この「客観的事項」の審査が経営事項審査（経審）です．建設業者の施工能力，経営規模や経営状況などを全国一律の指標で評価します．総合評点は下記の式で算出します．

$$総合評点 P = AX_1 + BX_2 + CY + DZ + EW$$
$$A + B + C + D + E = 1.00$$

ここで，X は経営規模，Y は経営状況，Z は技術力，W はその他評価項目です．

経営規模 X は，工事種類別の年間平均完成工事高 X_1 と，利益額と自己資本額 X_2 とに分けられ，施工能力を端的に示す量的な指標です．経営状況 Y は，利益率および自己資本比率などを評価しています．技術力 Z は技術者数，技術職員の能力および元請完工高が評価対象です．その他の評価項目 W は労働福祉の状況，営業年数，工事の安全成績，防災活動への貢献状況，経理に関する状況，法令遵守状況（建設業法に基づく行政処分），研究開発費の額，ISO 認証取得状況，若年の技術職員の育成および確保の状況などが評価対象に加わりました．

完成工事高：建設業における売上高のこと．

入札機会を確保するためには経営事項審査の総合評点を上げる必要があり，若手技術者にとって，まずは一級土木施工管理技士，技術士，一級建築施工管理技士などの資格を取得することが，経審に参加する第一歩です．

> **Column** 平成 20 年 4 月に，審査基準が大幅に改正されました．完成工事高に偏重していた評価基準を見直し，企業経営の内容や社会的責任の果たし方が重視されています．
>
> X_1 $0.35 \Rightarrow 0.25$ X_2 $0.1 \Rightarrow 0.15$ Y $0.2 \Rightarrow 0.2$
> Z $0.2 \Rightarrow 0.25$ W $0.15 \Rightarrow 0.15$

12.3 工事入札参加資格審査

B君：○○県の仕事をとりたければ○○県に参加登録をする．これは当たり前のことですよね．
部長：そのとおり．都道府県ごとに登録するんだから，ランク付けも都道府県ごとに行われる．うちは○○県では A ランクだから，今年はかなり大きな工事の入札に参加できそうだね．
B君：経審の格付けとは異なるんですか？
部長：経審をもとに県での実績など独自の主観的評価を加えているようだね．

国や地方公共団体が行う建設工事の入札に参加する業者は建設業の許可があり，経営事項審査を受けていなければなりません．さらに，公共発注機関が 2 年に一度行う「入札等の参加する者に必要な資格審査」の申請をしなければなりません．必要書類として経営事項審査結果通知書，納税証明書，工事経歴書

などが含まれます．

　これにより発注者は競争参加登録をした企業のランクを分け，有資格者名簿を作成します．経営事項審査を含め，高い点数の企業ほど上位ランクに位置づけられ，より高額な工事の入札に参加できるしくみになっています．

12.4 請負契約

B君：「請(う)け負(ま)け」とよくいいますね．発注者のいうことをどこまで聞けばいいんですか？

部長：片務性が生じないように「公共工事標準請負契約約款」がある．発注者と良い関係を作るのは大事だけど，譲れない部分は契約約款に従うべきだね．

　建設工事請負契約は，その内容の多くに不明確さや不完全さがあるため，建設工事にかかわる紛争が生じやすいといわれています．また，契約を締結する当事者間の力関係が一方的であることにより，請負契約の片務性といって，契約条件が一方にだけ有利に定められるといった問題が生じやすいものです．

　このため，建設業法では，建設工事の請負契約の適正化のための規定が定められているだけでなく，中央建設業審議会は当事者間の具体的な権利義務の内容を定める標準請負契約約款を作成しています．

　「公共工事標準請負契約約款」には，工事材料の品質及び検査，監督員の立会い及び工事記録の整備，支給材料及び貸与品，工事用地の確保，設計図書不適合の場合の改造義務及び破壊検査，条件変更，設計図書の変更，工事の中止，工期の変更方法，請負代金額の変更方法，賃金又は物価の変動に基づく請負代金額の変更などについて書かれています．

> **基本**　一括下請負の禁止に限ると，建設業法の第22条に以下の記述があります．
> 1．建設業者は，その請け負った建設工事を，如何なる方法をもってするを問わず，一括して他人に請け負わせてはならない．
> 2．建設業を営む者は，建設業者から当該建設業者の請け負った建設工事を一括して請け負ってはならない．
> 3．前2項の規定は，元請負人があらかじめ発注者の書面による承諾を得

た場合には，適用しない．

しかし，2000年に施行された「入札契約適正化法」（公共工事の入札及び契約の適正化の促進に関する法律）では「公共工事については，建設業法第二十二条第三項の規定は，適用しない（第12条）」としているなど注意する必要があります．

12.5 新しい入札方式

OJTで，B君は部長からいろいろな入札制度があることを学んでいます．

B君：いろいろな入札制度が試みられているんですね．

部長：国や県のレベルでは総合評価方式が主流になっているけど，さらにVE提案を求めるなどいろいろな取り組みがある．何といってもコスト縮減はおろそかにできないテーマだからね．この制度じゃなくてはならないというよりは，このケースではこの方法がベストということだな．

(1) VE方式

入札制度としてのVE方式は入札時VE方式のことですが，ここではVE方式全般について説明します．

建設事業におけるVEとは計画・設計内容と同等以上の機能や品質を確保しつつ，工事費の縮減を可能にする改善提案を指します．工事の計画から竣工までの流れのなかで，基本設計あるいは実施設計時のVEを「設計VE」，入札時のVEを「入札時VE」，工事の契約後に施工業者から提案させるVEを「契約後VE」といいます（図12.2）．**上流側であればあるほど柔軟なVE提案が可能**です．下流になれば，ある程度制約のあるなかでの提案にならざるをえません．

発注者自身が設計段階から取り組むVEは，インハウス設計VEとよばれます．原案に対して，施工業者から提案を求めるのが次の2方式であり，施工者にとっては会社の技術力を示すチャンスです．

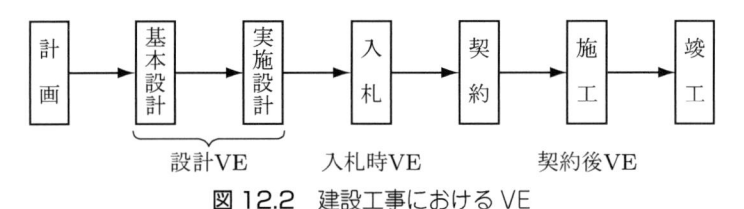

計画 → 基本設計 → 実施設計 → 入札 → 契約 → 施工 → 竣工

基本設計・実施設計：設計VE　　入札：入札時VE　　契約：契約後VE

図12.2　建設工事におけるVE

❶ **入札時 VE 方式** 工事の入札段階で，民間において固有の技術を用いた施工方法などに関して技術提案を受け付け，審査した上で競争参加者を決定し，それぞれの提案に基づいて入札し，価格競争で落札者を決定します．

❷ **契約後 VE 方式** 受注者が契約後に施工方法などの技術提案を行い，契約額の一部を受注者に支払うことを前提に，契約額の減額変更を行います．

(2) プロポーザル方式

プロポーザル方式とは設計，測量および地質調査といった建設コンサルト業務を国，政府関係機関，都道府県，政令指定都市が発注する際，ある一定以上の契約予定金額であれば，技術提案書（プロポーザル）の提出を求め，技術的に最適な提案を採用し，その者と契約を行う方式のことです．

世界貿易機関（WTO）政府調達協定の発効により規定された契約方式であり，価格のみの競争でなく，優れた技術を採用できるといった利点があります．

> **WTO 政府調達協定**：国が発注する工事では，ある一定金額以上の大規模な工事等は一般競争入札が実施され，国内外の建設会社が無差別に参加できる．

(3) 設計・施工一括発注方式

設計・施工一括発注方式とは，デザインビルド方式（DB 方式）の日本語名です．民間企業が開発した特殊な技術を要する工事で，設計と施工が一体不可分のため詳細設計をせずに発注することが合理的であるものに適応されます．また，施工方法が複数考えられ，発注時に詳細設計まで定めにくいものにも適応されます．

発注者の設計は概略設計や要件定義に止め，詳細な設計は受注者が行い，それを承認し，工事まで実施します．詳細設計後の費用の変更の可能性についてあらかじめ決めておく必要があります．

設計と施工が同一会社により行われるため，工事が始まってからの設計の見直しや工事の手戻りを減らすことができます．瑕疵に対する責任が明確で，工程短縮や工事費の低減につながります．

(4) CM 方式

CM とは Construction Management の略で，これに当てはまる日本語はあり

ません．発注者が専門業者と直接工事契約を結び，さらに工事全体の監理を行う業者と施工監理契約を結ぶことで，工事を施工する方式です．

従来は，発注者がゼネコンに一括施工していた工事を，分割して発注し，発注者の補助者としてCMR（Construction Manager：マネジメント業務実施者）が設計の検討やコスト管理，工程管理，品質管理などの各種マネジメント業務を行います．

実例として，東北地方のロックフィルダムの建設工事が挙げられます．堤体盛立工事と石山材料採取工事に分離して発注を行い，CMRに実質的な指示権限を付し，両工事間の施工調整を行っています．

CM方式の活用により，建設工事をより直接的に把握し，むだな管理費を省くことで，コスト縮減ができると考える発注者が増えています．発注者側の選択肢が多様化し，すでに米国では大型の建築工事を中心に広く採用されています．

12.6　VEの定義

B君：入札時VEや，契約後VEではコストの削減が前提ですね．
部長：VE方式の入札というのはそういうことだからね．
B君：ですが，私がまとめている総合評価方式（標準型）の技術提案書では，コストアップになってもVE提案であると考えて良いんですよね？
部長：その案件は，品質を向上させるための技術提案だからね．コストがアップしてもそれ以上に品質が向上すれば，「VE」と考えることができる．
B君：耐久性向上のためにＡＥ減水剤を使うだけなんですが．
部長：総合評価方式で求めているのは，奇抜なアイデアではなく，その現場のことを理解しているかどうかだ．だから，教科書に書いてあることでも，VE提案として何も問題ないんだよ．

VEとは，目的物の機能を低下させずにコストを縮減する技術のことで，同等のコストで機能を向上させるための技術も含まれます．ちなみに，VEは「最低のライフサイクルコストで必要な機能を確実に達成するために，製品やサービスの機能的研究に注ぐ組織的な努力である」と定義されています．

近年，公共工事の発注方式でVE提案が多用されています．それらは，いきなりアイデアを示すスタイルをとっているものが大部分であり，日本バリュー

エンジニアリング協会が提唱するスタイルに当てはまっていないので，本来のVE提案ではないかもしれません．しかし，目指すものは同じです．

協会では，製品の価値はコストと効果の比較で決まると考えています．次式は，この関係を示しています．

$$価値（V）= 機能（F）/原価（C） \qquad (12.1)$$

製品を購入する際，同じ機能を果たすならば，われわれは安いものを選びます．しかし，「製品とは機能を果たすために考えられた仮の姿であり，もっとよく検討するとより良い姿は別にあるはずである」という信念に立った考え方がVEの原点です．

式 (12.1) において，価値を上げるためには次の4パターンが考えられます．
❶ コストダウンによる価値向上　　　　　価値↑＝ 機能→　／原価↓
❷ 機能向上による価値向上　　　　　　　価値↑＝ 機能↑　／原価→
❸ 原価の向上以上に機能を向上　　　　　価値↑＝ 機能↑↑／原価↑
❹ コストダウンと機能向上による価値向上　価値↑＝ 機能↑　／原価↓

❶は単なるコストダウンと同じであり，実際には機能がわずかに低下していることが多いようです．❷は商品の企画段階などで行われていますが，VEとしてはあまり行われていません．❸としてLCCを目的とする工事などが当てはまります．コストアップのため総合評価型の技術提案でないと受け入れにくいでしょう．❹がVEとしてもっとも望ましいといわれている提案で，新技術の採用時に多く見られるパターンです．

> LCC（Life Cycle Cost）：製品や構造物の製造から使用，廃棄までトータルした費用のこと．

機能は少々下がりますが原価は大幅に低減できるケースも，価値は上がりますが，VEとしてはとり上げません．

12.7　VE提案

B君がVE提案の書類を作成しています．そこへ営業部長がやってきました．
部長：VEはいろいろな使われ方をしているから，発注者が使うVEの定義を正しく理解しておいてくれよ．
B君：今回のVEは，七つも八つもの項目に対して技術提案を求めてきていま

すが，すべて技術提案できるほど当社に新技術のメニューがありません．
部長：他社技術でもいいんだよ．新しい技術を使ってみませんかという気持ちで，国交省は NETIS を公開しているんだから．新技術 = VE 提案ではなくて，切り口を替えた従来の発想にはないやり方というのも VE 提案なんだよ．
B 君：そういわれて少し楽になりました．トンネル構造は当社のセグメント，立坑構造も当社のセグメントを提案できるのですが，耐震性で困っていたところでした．

(1) VE 提案の例

実際に実施された入札時 VE 提案の事例を二つ紹介します．共同溝工事（表

表 12.1 入札時提案の例（S 共同溝工事）

❶ トンネル構造に関する技術的所見 ❷ 立坑構造に関する技術的所見 ❸ 発進及び到達に関する技術的所見 ❹ シールドトンネルの耐久性向上に関する技術的所見 ❺ 耐震性に関する技術的所見 ❻ 施工方法に関する技術的所見 ❼ 施工計画，安全対策，仮設計画，工程計画に関する技術的所見	❶から❼までの審査項目ごとに，下記のア）からオ）の事項について記載すること． ア）提案工法の名称 イ）提案工法の施工実績の有無と評価 ウ）構造概要（構造形式，規模・寸法，設計条件） エ）基本性能・適用性 経済性，工期，構造メリット，性能に対するメリット，構築に関する安全性，周辺への影響度 オ）その他

表 12.2 入札時提案の例（H 立体工事）

❶ アンダーパスに関する技術的所見 ❷ 構造物の道路機能に関する技術的所見 ❸ 構造物の耐久性構造に関する技術的所見 ❹ 構造物の耐震性に関する技術的所見 ❺ 構造物の維持管理に関する技術的所見 ❻ 施工方法に関する技術的所見 ❼ 施工計画，安全計画，仮設計画，工程計画に関する技術的所見 ❽ 施工時の周辺環境保全に関する技術的所見	❶から❽までの審査項目ごとに，下記のア）からオ）の事項について計載すること． ア）提案工法の名称 イ）提案工法の施工実績の有無と評価 ウ）構造概要（構造形式，規模・寸法） エ）設計概要（設計条件，構造計算・解析手法，準拠図書） オ）基本性能・適用性 経済性，工期，構造メリット，性能に対するメリット，構築に関する安全性，周辺への影響度 カ）その他

12.1）と立体工事（表12.2）は，いずれも一つの工事に対して一つのVE提案ではなく，同時に複数の項目に対しVE提案を求めています．

(2) VE提案の内容

VE提案の技術には2タイプあります．一つは新技術，あるいはオリジナル技術とよばれているもので，建設会社が独自に開発し，保有する技術を指します．技術提案型の入札が増えている現在，つねに，技術開発によりメニューを揃えておく必要があります．このように，VE方式の入札が普及するメリットとして，技術開発へのインセンティブが与えられることが挙げられます．自社の開発技術でなくてもメーカーなどの情報を蓄え，使える技術がないか整理しておくことも重要です．

もう一つは，工事現場固有の条件を加味した提案です．技術そのものは一般的なものでも，地理的な制約，気象条件，工程・作業時間などの制約を考慮してベストな組み合わせを提案するもので，それこそ企業に備わった技術力が要求されるものです．

VE提案には，つねに独創性を求められているわけではなく，過去の事例で成果の上がったものでも評価されます．インターネットを開くと，国土交通省の「コスト縮減の知恵袋」，NETIS登録技術などが公開されているので，大いに活用してみましょう．

> NETIS（New Technology Information System：新技術情報システム）：国土交通省が運用している国や民間が開発した新技術のデータベース．

(3) VE提案の進め方

VEは個人が主体の思いつきの改善ではありません．このため，トップダウンにより，通常の業務として，グループで継続的に推進することが望ましいといわれています．

当然，設計段階にVE提案を考えると大きな成果が得られます．現設計案にとらわれない発想をするために，**表12.3**の実施手順が推奨されています．

機能定義では，対象物の構成要素が果たす機能を，「○○を△△する」と表現します．これにより改善に向けたアイデアが発想しやすくなります．

表 12.3　設計 VE の実施手順

実施手順	項　目	概　　要
STEP1 機能定義	❶ VE 対象の情報収集	要求事項，制約事項，コスト等の関連情報を収集・整理
	❷ 機能定義	機能を明確化する
	❸ 機能の整理	機能を体系図に表す
STEP2 機能評価	❹ 機能別現行コスト分析	機能分野別にコスト算出（C の算出）
	❺ 機能の評価	機能分野ごとに重要度比率を設定（F の明確化）
	❻ 対象機能分野の選定	改善効率の高い機能分野を選定，優先順位を設定（F/C を評価）
STEP3 代替案作成	❼ アイデア発想	可能な限りアイデアを発想
	❽ 概略評価	経済性，実現性からアイデアの絞込み
	❾ 代替案の作成	機能別アイデアを，全体機能を実現するアイデアにまとめあげる
	❿ 詳細評価	複数の総合代替案を比較
	⓫ 提案のとりまとめ	結果のとりまとめ
STEP4 VE 審査	⓬ VE 審査	さらなる改善案の必要性を審査

　機能評価では，対象物に求められる機能 C がどの程度重要であるか，メンバーで協議して決めます．価値程度（F/C）が小さく，低減余地（C−F）の大きいものから優先順序を決定します．勘と経験に頼って，ずばりそのものを狙い撃つのではなく，検討ステップを経ることをお勧めします．

　改善案の作成にあたっては，いままでの延長線上で考えるのではなく，使用者が何を求めているかというところから考え直します．「アイデアが出尽くしたとあきらめない」これがコツです．

> **例**　新幹線駅の駅前に駐車場を造ることになりました．標準案は柱列式連続壁をグランドアンカーで支保する大規模な土留工法で計画されています．しかし，駅前に 3 点式杭打ち機が並ぶ姿は，駅の乗降客や通行車両に圧迫感を与えます．
> 　そこでまず，図 12.3 のように，土留の機能を整理してみました．

図12.3　機能体系図

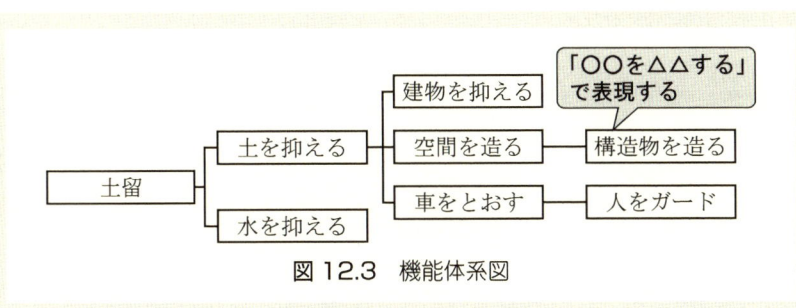

（図中ラベル：土留 → 土を抑える／水を抑える；建物を抑える；空間を造る → 構造物を造る；車をとおす → 人をガード；「〇〇を△△する」で表現する）

「構造物を造る」ためなら土留をしなくても造れれば良いということで，実際に採用になったのは，平面の大きさが 63.6 × 46 m もある構造物を地上で構築し，その下面を掘削しながら地下に埋めていくニューマチックケーソン工法という案です（**図12.4**）．

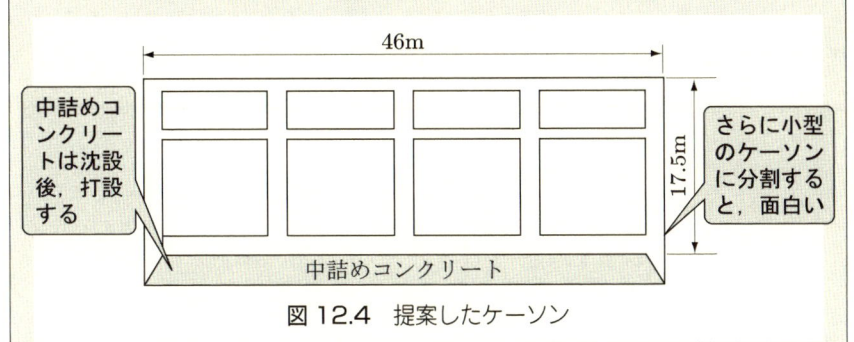

図12.4　提案したケーソン

（図中ラベル：46m；17.5m；中詰めコンクリートは沈設後，打設する；さらに小型のケーソンに分割すると，面白い；中詰めコンクリート）

さらに，代替案としては平面的に小分割（たとえば 22 × 23 m に 6 分割する）して，順番に施工することが考えられます．工事期間は長くなるかもしれませんが，工事中の地上部が交通に大きく開放されるなどの魅力があります．

(4) アイデアの作成

対象テーマとして「安全性に問題がある」，「技術的に不具合がある」といった具合に問題点が明確な場合，大きな成果が期待できます．そこを改善すればよいので楽にアイデアを思いつくからです．すでに改善案がわかっているものは，わざわざ VE のステップに従う必要はありません．

結局，VE 提案は，経験や知識を駆使してアイデアが出せるかどうかにかかっています．提案されている技術を整理すると，次のように分類されます．

❶ **形状を変える** シールドトンネルの二次覆工を省略することで，トンネル断面を小さくできる提案も多くなされています．このためにはどうするか，ボルトを使用しない継手などの持ち駒も必要です．

　断面を小型化するには材料からのアプローチばかりではなく，設計からのアプローチも考えられます．橋桁の場合，小型化により橋梁下部構造までがスリムになります．また，複雑な形状をスリムにすることで，型枠費用が縮減できる効果もあります．

❷ **材料を変える** 下水道管の場合，FRP（ポリエステル樹脂とガラス繊維の複合材料）管などをセグメントの内側に挿入することで粗度係数（表面の粗さ）が改善され，断面を小さくすることが可能になります．

❸ **ルートを変える** 先入観で，与えられた図面からはみ出せない場合があります．ところが，現地を見ることで新しい発想が思いつくかもしれません．

❹ **工法を類似工法に変える** まず，類似工法で検討します．土留工法がRC地下連続壁で設計されていれば，SMW工法，アイランド工法（法切で先行して中央に構造物を造る）は使えないかなど，他の土留工法はどうかを考えます．シールドの発進立坑なら，立坑とトンネルを連続してシールドで掘れないかなどが考えられます．例題ではケーソンを提案しています．

❺ **まったく異なる工法に変える** 工法ばかりではなく，まったく異なる設計の考え方をしてみます．連続地中壁のように，いままで仮設としかみなされていなかったものを，設計で本体構造物として扱うといった技です．場所打ちのコンクリートをプレキャストにするのも一つの手です．

(5) VE提案の評価

　発注者は，工事内容や周辺の状況に応じてさまざまな評価項目を設定し，企業からの優れた技術提案を募ります．VE提案として求めるものは，施工上の提案から生じる価格だけではなく，品質，安全対策，交通の確保，環境への影響，工期の縮減，省資源，ライフサイクルコスト，工事支障物件など，多岐にわたります．これらの項目は，数値で表すことが困難なものばかりです．

　評価するにも，数値で表せないものに対しては基準があいまいなものになり，「非常に優れている」，「優れている」，「多少の改善効果あり」のような感覚的な表現で評価せざるをえません．**図12.5**に入札時におけるVE提案の評価例を示します．4社の五つの提案に対し評価したものです．非常に優れているも

	企業の高度な技術力									評価点合計	技術提案加算点
	提案1		提案2		提案3		提案4		提案5		
	審査	評価点	審査	評価点	審査	評価点	審査	評価点	審査	評価点		
A社	VE	5	VE	3	標準	0	標準	0	VE	1	9	
B社	VE	5	標準	0	VE	3	標準	0	VE	3	11	
C社	VE	5	VE	3	VE	3	VE	1	VE	3	15	
D社	VE	5	VE	5	VE	3	VE	3	標準	0	16	

図12.5 VE提案評価例

のには5点，優れているものに3点とつけられていますが，おそらく0点には標準としての提案だけでなく，何も提案しない場合も含まれると思います．まずは，必ず何かをVEとして提案することが肝要です．

> **課題** いま行っている開削工事を非開削でできないかなど，大胆に提案してみましょう．良い案が思い浮かんだら特許出願です．

第12講のまとめ

1. 入札制度では，従来，コストが一番安い会社が受注していたが，受注競争で勝つためには技術力が重要である．
2. 上流側であればあるほど，価値の大きなVE提案が可能である．
3. アイデアが出尽くしたとあきらめないのが技術提案を産み出すコツである．
4. 発注者にとってVE提案は，建設構造物の機能を低下させずに工事費が縮減できる．
5. ゼネコンは，日頃から技術開発により提案できる商品（技術）を品揃してておく必要がある．

会社が生き残るためには，技術力を蓄えておくことが必要です．人間も一緒ですね．要求されるので，これからの建設業には技術経営の視点が重要になります．

第13講 技術経営(MOT)と公共工事品確法

　コストが最小の札を入れた会社が仕事を請け負う時代は終わろうとしています．施工者の技術力で品質が変わることに気づき始めたためです．
　建設投資が減少し，入札制度は，ますます技術提案が重視されるようになりました．企業も生き延びるためには，従来のやり方に固執せず，技術経営の視点から取り組む姿勢が重要になります．
　今回は，企業の技術開発の進め方と新技術を活用するためのしくみと，品確法による入札制度，PFI事業について学びます．

13.1 MOT

部長：これからは建設業においても技術開発が重要になるよ．
B君：いままでも，大手の建設会社は競って研究開発に投資していましたが．
部長：しかし，営業としてはその技術で仕事をとろうなんて，だれも思っていなかった．談合とよばれる受注の調整で決まっていたからね．でも，いまは違う．技術力がない会社は淘汰されることになるよ．

　MOT（Management of Technology）とは，「技術を核とする経営」という意味と狭義の「技術開発のマネジメント」という意味があります．どちらもMOTなのでしょうが，後者の重要性が増してきています．
　建設工事の発注は，入札という行為で行われています．ところが，建設投資が減少するなかで，受注をめぐる価格だけの競争が激化した結果，適切な技術力をもたない受注者のダンピングの急増や，工事中の事故，手抜き工事の発生など公共工事の品質の低下が懸念され始めました．
　そこで，2005年4月から，「公共工事の品質確保の促進に関する法律」（品確法）が施行されました．品確法の基本理念の一つには，「公共工事の品質確保にあたっては，民間事業者の積極的な技術提案及び創意工夫が活用されること等により民間事業者の能力が活用されるように配慮されなければならない」

と書かれています．

このように，建設会社の技術力，提案力が求められる時代になると，高品質，高付加価値，差別化を実現できる新技術の開発が，業績に強く影響することになります．

13.2 技術開発

B君：いま，何を開発したら受注につながるのでしょうか？
部長：それを探すのが君たちの役目だよ．テーマが探せれば，技術開発は終わったも同然．これを洞察できる力のある会社が生き延びられるんだよ．

MOTには，いくつかの段階があります．FS（フィージビリティ・スタディ）の段階を経て，試作機の製作あるいは実証実験を行い，マーケティングを経て，入手した工事で実証するのが基本的なパターンです．マーケティングの段階では，多くのケース・スタディをこなし，工事の入手につなげる必要があります（図13.1）．

> **フィージビリティ・スタディ**：技術開発など新しく始めるプロジェクトの事業化の可能性をさぐる調査のこと．

当初は自部門だけで行っていても，ある段階から設計，機械，施工，営業などから構成されるタスクで行うことになります．また，同業，異業にかかわらず，**他社と組んで共同研究をするほうが効率の良い場合があります**．いかにまとめていくか，リーダーの資質が問われます．

建設業は請負産業であり，発注者側がだれでも施工できる慣用の技術で設計

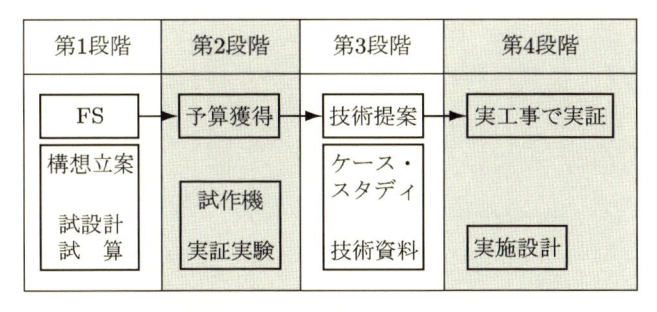

第1段階	第2段階	第3段階	第4段階
FS 構想立案 試設計 試　算	予算獲得 試作機 実証実験	技術提案 ケース・スタディ 技術資料	実工事で実証 実施設計

図13.1　技術開発のフェーズ

をするため，新しく開発した技術で工事を受注するというのはまれなことです．それでは，何のために技術開発をするのかというと，以前は会社の技術力をPRするために必要なものでした．建設産業は，きつい，汚い，危険の3Kといわれた時代がありました．このイメージを払拭するために機械化，自動化といった看板技術が必要でした．もちろんそれだけではなく，劣悪環境下ではロボット化により安全性を向上させる効用もあります．現在は，工事入手を目的に，合理的な施工技術の開発を競っています．

工事を受注するために，どのような技術を開発すれば良いかは難問ですが，ロボット化だけを目指すのが技術開発なら，ニーズを探すのは容易です．でき上がった技術は，請負った工事のなかで実証することができます．ところが，シーズ型のテーマを探すのは難しく，なかなか思いつくものではありません．

日頃から何かないかと考え続けることで，テーマに行き当たります．良いテーマが見つかれば，技術は完成したようなものです．新技術を完成した段階ではいかに工事につなげるかの広報，技術提案活動が重要になります．

13.3　工法協会と建設技術審査証明

B君：技術を開発しても，それを実用化させるのはたいへんですね．
部長：相手があることだからな．なかなか実績がないと使ってくれないし，使うまでにはかなりのエネルギーが必要だ．
B君：どのようにして実績をつくるのですか？
部長：工法協会を作る方法とか建設技術審査証明をとるのが早道だ．最近では国土交通省のNETISに登録することで民間で開発した技術を活用してもらえるしくみもでてきている．

(1) 工法協会

一社の独占技術は，公共事業では採用できないという不文律がありました．このため，民間会社は新技術の開発にあたり，数社で研究会を組織することで対応していました．市場規模が大きい場合には，工法協会を設立して会員会社を集めます．これらにより，会員会社であればだれでもその技術を使えるしくみにする必要があります．当然，基本特許を保有する会社とそれ以外の会社間では，実施権の許諾契約を交わすことになります．

通常，特許の実施料は材料費や機械費といった商品の価格に組み込まれ，売上に応じてメーカーから精算されることが多いのですが，使用した企業が工事の規模に応じて基本特許を保有する会社に直接払い込む場合もあります．材料のように使用数量を示すことのできない施工法の特許は，「トンネルの断面積に対していくら」といった設定がなされているので，実行予算書に落ちがないように留意しなくてはいけません．

(2) 建設技術審査証明

研究・開発したすべての技術に対して，工法協会を設立していたら混乱することは目に見えています．また，市場で優位に立つために，独占技術として保有していたい場合もあります．明確な線引きはありませんが，このような技術を世の中に認めてもらうために，建設技術審査証明という制度があります．

建設技術審査証明事業は，民間において研究・開発した新技術を普及させるために，（一社）日本建設機械化協会や（一財）先端建設技術センターなど国土交通省所管の公益法人が，申請された技術を審査する制度です．それぞれの機関により審査証明できる対象が異なるので，技術の内容により依頼先を選定します．依頼が承諾されると，学識経験者などにより構成された委員会を設置し，新技術の依頼された内容の正当性を客観的に証明します．審査期間は通常6カ月程度ですが，手続きから証明書の発行まで1年程度を見込まなければなりません．

審査証明は，実工事における使用実績や性能確認実験で得られた知見から，開発目標の正当性を審査するものです．このため，開発目標には「深度40 mで1/500の削孔精度が確保できること」といった記述が求められますが，技術により「高い施工精度が確保できること」といった数値の入らない記述が許される場合もあります．

証明書の有効期間は5年間です．審査証明を得ておくと，技術提案の際，あるいは次に述べるNETISなどのデータベースに登録する際に大いに役立ちます．

(3) NETIS

12.8節でも説明しましたが，NETISとは，国土交通省が運用している「公共事業等における技術活用システム」によって蓄積された技術情報のデータベースのことで，公共工事に活用できる技術が網羅されています．

NETISを申請するには開発者側から試行申請型，施工者希望型，フィールド提供型といった方法を選択できます．また，発注者側からは発注者指定型というものがあり，直轄工事等の発注にあたって，現場ニーズより必要となるNETIS登録技術を発注者が指定するものです．1社しかできない独占技術でも，公共の工事で採用される道が開けたのです．

NETISに登録されることにより，新技術が活用される機会の増加を期待できるだけでなく，国土交通省発注の工事の入札でNETISに登録してある技術を活用すると，総合評価の技術点が加算されるので入札が有利になります．

13.4 品確法と入札

品確法に基づいて入札制度が変わり始めています．
B君：価格が低いだけでは，落札できなくなってきているんですね．
部長：入札制度に総合評価落札方式が採用されるようになったからね．
B君：入札前に施工計画を提出し，方針を問われるようになったので，時間が足りなくなりそうですね．
部長：簡易型や標準型の場合，発注者が求める1，2項目について提案すればいいので，それほど負担にはならないよ．ただ，他より優れた記述がないと点数にならないんだ．

(1) 総合評価落札方式とは

発注者が工事内容や周辺の状況に応じて，さまざまな評価項目（**表13.1**）を設定し，企業からの優れた技術提案を募り，価格と価格以外の要素を総合的に評価し，落札者を決定する方式です．その結果，施工に必要な技術的能力を有する者が施工することになり，工事品質の確保や向上が図られます．

とくに，小規模な工事や緊急性の高い防災工事等を除き，すべての公共工事において総合評価方式を適用することが基本です．公共工事の特性（規模，技術的な工夫の余地）に応じて，簡易型，標準型，高度技術提案型の3タイプを設定しています．

❶ **簡易型** 施工計画を求め，工程の妥当性や品質管理など施工上配慮すべき事項の妥当性を評価します．
❷ **標準型** 安全対策，交通や環境への影響，工期の縮減など施工上の提案の

表 13.1　技術評価項目の例

価格以外のコストの削減		維持管理費・更新費を含むライフサイクルコスト，補償費などのコスト
整備する施設の性能の向上		強度，耐久性，安定性，美観，供用性など．
社会的要請への対応	環境の維持	騒音，振動，粉じん，悪臭，水質汚濁，地盤沈下　土壌汚染などへの対策，景観の維持
	交通の確保	工事期間の短縮　規制時間，規制車線数，交通ネットワークの確保　災害復旧
	省資源対策	リサイクル対策
	安全対策	作業員の安全，第三者の安全

ほか，工事の目的物自体についての提案を求め，実現性を評価します．

❸ **高度技術提案型**　技術的な工夫の余地が大きい工事において，さらに構造物の品質の向上を図るための高度な技術提案を求めるものです．強度，耐久性，維持管理の容易さ，環境の改善への寄与，景観との調和，LCC などの観点から工事の目的物自体への提案を求めるなど，提案範囲の拡大に努めます．

(2) **評価基準**

評価項目に対する点数は，数値方式，判定方式，順位方式によって定量化されます．

❶ **数値方式**　評価項目の性能などの数値により点数を付与します．最高の性能の数値を満点，最低限の要求性能を満たす性能の数値を 0 点とし，その他の入札参加者が提示した性能を按分して点数化します．

❷ **判定方式**　安全対策などを数値化するのは困難です．そこで，たとえば 3 段階の判定（優/良/可）基準を設け，優に該当するものには満点，可は 0 点を付与します．一例として，工事そのものに対する安全対策と第三者に対する安全対策が求められていた場合，両者が妥当と判断されて優，片方しか書かれていないとそれだけで良以下となる配点の場合もあります．要求事項としていくつの内容が挙げられているかをよく読んで，提案しましょう．

❸ **順位方式**　数値化が困難な評価項目の場合，入札参加者を順位づけし，順位により点数を付与する方式です．

13.5 評価の方法

B君と営業部長はH立体工事の結果（例題）を見ながら話をしています．
B君：高度技術提案型では企業の技術力や配置予定技術者の施工経験などが評価対象にならないんですね．
部長：H立体工事では，いろいろVE提案もしているけど，結局，工事期間の短縮と入札価格だけの勝負だったね．そういうこともあるということだ．

(1) 除算方式

総合評価落札方式における落札者の決定は，評価値の大きさで決まります．式 (13.1) は除算方式とよばれるものです．

$$評価値 = \frac{技術評価点}{価格} = \frac{標準点(100)+加算点}{価格} \quad (13.1)$$

ここに，加算点とは，施工計画あるいは施工提案に対する点数だけでなく，企業および技術者の技術力，企業の信頼性，社会性に対する点数が加わります．表13.2 に評価内容例を示します．若手技術者にとって，資格を取ることの大切さ，継続教育（CPD）に取り組むことの大切さがわかります．該当すれば，項目により最高1点から2点が付与されます．2点が配点されている項目は少なく，継続教育で2点を得るためには土木学会など，それぞれの登録機関が推奨するポイントを獲得していることが条件です．

表13.2 評価内容例

企業の技術力について	施工実績
	当該工種の3ヵ年の平均工事成績
	優良工事表彰などの実績
	安全表彰等の実績
	当該工事関連分野の技術開発の実績（特許の取得）
	当該工事における新技術活用の取り組み（NETISの活用）
	ISOマネジメントシステムの取り組み状況
配置予定技術者の施工経験	施工経験
	施工経験での立場（現場代理人，監理技術者）
	資格1（一級土木施工管理技士）
	継続教育（CPD）の取り組み状況
	資格2（工事内容に応じて舗装施工管理技術者など）
企業の社会性・信頼性	災害防止協定等に基づく活動実績
	ボランティア活動の実績

(2) 加算方式

評価方式として，式（13.1）に示した除算方式のほか，式（13.2）に示す加算方式があります．

$$評価点 = 価格評価点 + 技術評価点$$
$$= 100 + \left(1 - \frac{入札価格}{予定価格}\right) + 技術評価点 \qquad (13.2)$$

除算方式を採用するか，加算方式を採用するかによって落札者が異なる場合があります．

例 二つのトンネルを含む道路の舗装工事で，工事期間の短縮と安全性を評価項目としています．加算点の最高点を30点とします．

入札の結果，価格がA社は5億円，B社は4.5億円，C社は4.8億円で，総合評価の配点は合計40点に対し，A社36点，B社31点，C社29点でした．

この結果，除算方式による各社の評価値は以下のようになり，傾きのもっとも大きいB社が受注することになります（図13.2）．

A社　$(100 + 30 \times 36/40) \div 5 = 127 /5 = 25.4$
B社　$(100 + 30 \times 31/40) \div 4.5 = 123.3/4.5 = 27.4$
C社　$(100 + 30 \times 29/40) \div 4.8 = 121.8/4.8 = 25.36$
　　　　標準点　　　　　　価格

図13.2　評価値による提案技術の評価

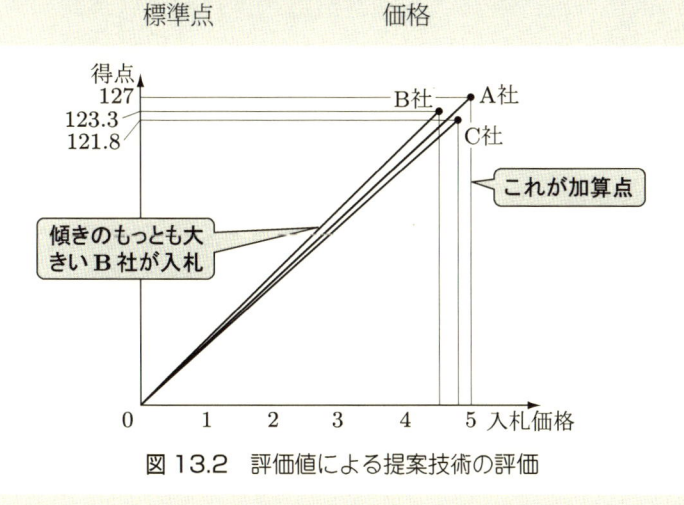

(3) 高度技術提案型の例

H立体工事における判定基準は以下の入札説明書とおりです．

> **例** H立体工事の入札でA社は短縮日数159日，B社は短縮日数90日を提案してきました．C社の短縮日数が2日で，これが標準日数になります（**図13.3**）．ただし，C社は，入札価格が予定価格をオーバーしていて失格です．
>
> この結果B社の傾きがA社を上回り，落札しました（**図13.4**）．A社が落札するには，入札価格を23億円近くにする必要があり，逆にB社は25億円でも落札できました．

	A社	B社	C社
工事費	29.5	19.4	53.5
供用までの日数	381	450	538
短縮日数	157	88	
加算点	39.25	22	
評価点	4.720	6.288	

- 540日以内なのでO.K.
- 短縮日数 540−90−2=88
- 加算点 88×0.25=22

図13.3 各社の提案内容と評価点

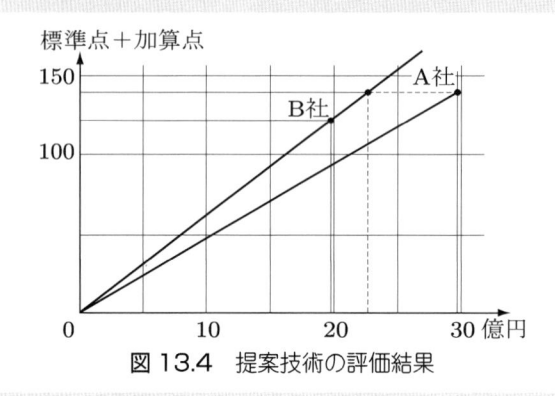

図13.4 提案技術の評価結果

> **Column　入札説明書**
>
> (ア)　**落札方法**　入札参加者は価格及び本工事におけるアンダーパス部供用までの日数の短縮提案をもって入札し，次の❶，❷及び❸の用件に該当する者のうち，(イ)「総合評価の方法」によって得られた数値（以下「評価値」という．）の最も高い者を落札者とする．
> ❶　入札価格が予定価格の制限の範囲内であること
> ❷　アンダーパス部供用までの日数の短縮提案値が入札説明書に記載された要求要件以下であること
> ❸　評価値が，標準点を予定価格で除した数値に対して下回らないこと
>
> (イ)　**総合評価の方法**　標準点を100点とし，良好な施工日数の短縮案に加算点を与える．
> ❶　アンダーパス部供用間での最大施工日数を540日とし，これを最低限の要求用件とする
> ❷　標準点は，アンダーパス部供用までの日数提案のうち最大の日数を提案したもの（以下，「標準日数」という）とし，標準日数より日数を短縮した提案に対して加算点を与える
> 　なお，加算点は予定価格の制限の範囲の入札参加者で，提案された短縮日数1日に対して0.25点を加算するものとし，短縮日数に関する上限は設けない．
> ❸　価格及び上記❶に係わる総合評価は，入札者の申込みに係わる標準点と加算点の合計を当該入札者の入札価格で除して得た数値をもって行う

13.6　コストを下げる

　入札が総合評価方式になることで，従来の競争入札制度ではみられない現象が増えています．応札価格が予定価格を大幅に下回る，いわゆる低入札です．

B君：低入札が悪いことのようにいわれていますが，国民にとっては好ましいことなのではないですか？

部長：安くなることのしわ寄せが，品質の低下や下請を絞る話になると恐れているんだろう．

B君：新しい技術を提案することで，大幅にコストを抑えることができる場合もありますよね．

部長：そういう技術を提案できるのがベストだね．

技術提案型入札制度では，予定価格を積算した施工方法とは異なる提案をするため，当然，入札価格は大きく異なります．調査基準価格を下回る入札は，保留となり，すぐには落札者が決まりません．

一般的に，著しく低い価格で落札したものはダンピングであり，問題を抱えているとの考えから，調査基準価格（予定価格×2/3 から予定価格×0.85）に相当する入札があった場合，表 13.3 の項目に対し調査されます．内容に合理性がない場合には，落札者と認められません．

ここで，表をよくながめてみましょう．❺～⓬の各項目にコスト縮減のためのヒントが隠されているのがわかります．回答するポイントとして，まだ受注していない工事なのに，下請会社や資材購入先など決まっているわけがないのではなく，きちんと見積りをとって，価格を決めているという姿勢を見せることが重要です．

発注者側からすれば，数量の間違い，適正な単価かどうか，安全管理等などの共通仮設費の計上は，適当かなどをチェックすることで，工事の手抜き，下請へのしわ寄せ，安全対策の不徹底などが起こらないことを確認するための調査でもあります．

表 13.3　低入札価格の場合調査される項目

- ❶ 当該価格で入札した理由　❷ 積算内訳書　❸ 施工体制台帳
- ❹ 工事作業所災害防止協議会兼施工体系図　❺ 手持ち工事の状況
- ❻ 配置予定技術者名簿
- ❼ 契約対象工事箇所と入札者の事務所，倉庫との関連
- ❽ 手持資材の状況　❾ 資材購入先一覧　❿ 手持ち機械の状況
- ⓫ 労務者の確保計画　⓬ 工種別労務者配置計画
- ⓭ 過去に施工した公共工事名及び発注者　⓮ 建設副産物の搬出地
- ⓯ 経営内容（決算報告書）

13.7　PFI 事業

B君：PFI とは公共施設の建設だけでなく，運営，管理まで行うと聞いています．PFI 事業が増えると，社員がいくらいても足りなくなりますね．

所長：PFI にもいろいろあって，市の公会堂は市が運営するというのもある．新しく雇用創出をする場と思えば良いのではないかな．子会社を作るのではなく，新しい法人が誕生することになるんだからね．

従来の公共工事とは異なる事業形態に，PFI事業があります．PFIとは，Private Finance Initiativeの略称で，公共施設等の建設，維持管理，運営等を民間の資金，経営能力，技術能力を活用する手法です．国や自治体などが直接事業を実施するよりも効率的・効果的に社会資本整備を図ることができると認められる事業を民間に任せようというものです．

このため，PFIではVFMの確保とともに公共団体が従来負担してきたリスクが民間事業者に移転されることを示す必要があります．たとえば，建設コストが増大した場合，当初の見積もりを超えた部分については，民間事業者が負担することになります．ただし，

> VFM（Value for Money）：PFI事業の判断基準の一つで，支払いに対してもっとも価値あるサービスを提供するという考え方．

すべてのリスクが民間事業者に移転されていればいいというわけではなく，民間事業者がコントロールできないものについては，公共団体が負担すべきであると考えられています．リスクは，個々のリスクをもっともよく管理できる者が負うというのがリスク分担の基本的な考え方です．

PFIの代表的な事業としては，給食センター，プール，図書館，立体駐車場事業，刑務所，有料道路，有料橋などが挙げられます．国や地方公共団体の財政負担の削減やより高いサービスの提供が可能になると期待されています．

課題 NETISの登録技術をながめてみましょう．何か次の入札で使えそうなものがありませんか．

第13講のまとめ

> 1．技術が評価される項目として，品質，安全，環境などがあり，これらについても良い技術提案ができるようにする．
> 2．総合評価方式の評価方法を知ることで，技術提案の作戦を立てることができる．

営業が仕事を入手する時代が終わり，技術力で仕事をとる時代になりました．良い提案は年功序列ではうまれません．会社も若い技術力に期待しているのです．

あとがき

　建設会社や発注企業に入って技術者は何をするのか，何をしなくてはいけないのか，これがわかると，いま何をすべきかがみえてくると思います．確かに新人研修やOJTを受けているはずなのですが，新入社員は何をすべきかを教えられても建設技術者のやるべき全体像を教えられていないため，なんとなく忙しく過ごしているのではないでしょうか．

　いま，現場にいるとしたら，現場の立場だけではなく，管理部門の目で現場を経営することも大切です．たとえば，VEなど技術提案を考える訓練をおこたらない，特許を取得する，ISOの活用現場ではなくてもISOに取り組むといった常日頃の訓練が必要です．本書を読むことで，いまの忙しさに埋没せずに考える重要性と，今後の糧を得るためのヒントがつかめたかと思います．

　設計部門から現場に配属になる場合，多少の不安はあるようです．新入社員なら手取り足取り現場管理のことを教えてもらえますが，5年目ともなると一人前として扱われ，なかなか現場のイロハを教えてもらえないようです．そのようなとき，本書を読み返してください．前に読んだ時は気づかなかった発見があるはずです．

　資格を取ることの重要性，CPDに登録する目的など，何度も触れました．一級土木施工管理技士，土木学会認定技術者資格や技術士，総合監理技術士などの受験に本書を活用いただき，栄冠を勝ち取っていただければ幸いです．

　最後に，本書の執筆にあたり森北出版の加藤義之さんには大変お世話になりました．会社内の説得，原稿の編集と著者への注文，大変なエネルギーを使われたことと思います．また大成建設の田岡晃司さんには現場の資料を提供していただき，ありがとうございました．紙上を借りてお礼申し上げます．

2009年1月

著　者

さくいん

数字
4M　66
4S 活動　54

欧文
CALS/EC　160
CMR　178
CM 方式　177
CORINS　149
CPD　149, 150, 192
CSR　11, 130
DB 方式　177
FS　187
GIS　159
GPS　159
IT　157
JABEE　149
JV　10
KJ 法　39
KY　54
LCC　179
LCL　40
Me-R 管理図　41
MOT　186
NETIS　181, 189
OFF-JT　148
OHSAS　58
OJT　148
PDCA サイクル　58, 71
PDPC　37
PFI　197
PM 理論　154
QC 活動　30
QC 七つの道具　34
SWOT 分析　164
TQC　30
TQM　30, 68
UCL　40
VE　11, 178
VFM　197
WTO 政府調達協定　177
x-Rs 管理図　41
$\bar{X}$-R 管理図　41
$\bar{X}$-s 管理図　41

あ 行
アカウンタビリティ　9
悪臭　87
粗利益　94
アロー・ダイヤグラム　38
安衛法 88 条　89
安全管理者　49
安定型廃棄物　141
意思決定　166
一位代価表　106
一級土木施工管理技士　150
一式工事業　3
一般管理費　94
一般建設業　3
一般廃棄物　139
インターロック　60
インハウス設計 VE　176
インフラストラクチャ　67
受入検査　30
請負契約　175
請負工事費　94
請書　104
営業利益　114
衛生管理者　49
エコラベル　135
エビデンス　65

か 行
開示基準　163
外注費　93
加算方式　193
カタストロフィー・バイアス　166
過程決定計画図　37
仮設備　84
簡易型　190
環境アカウンタビリティ　9
環境アセスメント　137
環境影響評価書　137
環境管理システム　62
環境対策　87
環境報告書　9, 130
環境問題　69
完成工事高　174
間接費　93
カントリーリスク　127
監理技術者　5
監理技術者資格者証　5
管理限界　24
管理限界線　40
管理図　40
機械工程表　81, 102
危機管理　117
危険予知活動　54
技術士　150
競争入札　171
共通仮設費　98
共同企業体　10
共同研究　187
強度率　48
曲線式工程表　23
クリティカルパス　16
グリーン購入　9, 69, 135
グリーン調達　135
グリーンファイル　51, 89
経営事項審査　46, 150, 173

経営理念　8
経済性管理　1
経常利益　114
経審　150
継続教育　150
系統図　37
経費　93
経費率　98
契約後VE方式　177
原価　25, 92
限界利益　110
原価管理　11
建設技術審査証明　189
建設業の許可　3
建設経営　1
建設事業　7
建設副産物　86
建設リサイクル法　69, 85, 141
現場管理費　25, 98
公共工事標準請負契約約款　175
工業所有権　169
工事原価　92
工程管理　14
工程表　15, 81
高度技術提案型　191
広報活動　167
工法規定方式　32
工法協会　188
コスト縮減　176
コスモス　58
固定費　94
コミットメント　66
コンクリート標準示方書　84
コンピテンシー　147
コンプライアンス　9, 11

さ 行

災害統計　47
災害防止協議会　51
サイクルタイム　19
最終検査　31
再生アスファルト　141
再生資源利用促進計画　86
最適工期　25
再発防止策　125
材料費　93
サスティナビリティ　130
サーベランス　62
産業医　50
産業廃棄物　139
産業廃棄物管理票　140
散布図　36
事業部制　151
下請会社　3
下請契約　3
実行予算　106
指定仮設　85
地盤沈下　87
指名競争入札　172
社会貢献　129
斜線式工程表　22
重層下請　50
主任技術者　5
準備書　137
情報技術　157
情報倫理　163
証明行為　72
職能性組織　151
職務発明　169
除算方式　192
新QC七つの道具　36
人材教育　147
審査請求　169
進捗管理　20
震動　87
親和図　38
水質の汚染　87
スワップ　127
成果主義　146
制限付き一般競争入札　172
正常性バイアス　165
税引前当期純利益　114

施工計画書　77
設計・施工一括発注方式　172, 177
ゼロエミッション　72
専門工事業　3
騒音　87
総括安全衛生管理者　49
総合評価方式　26
層別　34
組織文化　8, 148
損益分岐点　111

た 行

代価　97
大気の汚染　87
タスク　153
単位原価　106
段階確認　88
ダンピング　196
チェックシート　36
地球環境問題　9
中間検査　31
調査基準価格　196
直接費　93
賃率　108
墜落　46
土止め先行工法　57
低入札　195
デザインビルド方式　177
手すり先行工法　57
出面集計　107
電子入札　161
電子納品　161
転落　47
統括安全衛生責任者　50
当期純利益　115
特性要因図　35
特定JV　10
特定建設業　3
土壌の汚染　87
度数率　48
突貫工事　25
特記仕様書　84

特許権　169
特許の実施料　189
土木学会の技術者資格制度　150
土木工事共通仕様書　77
土木工事積算基準　19

な 行

入札　77, 171
入札時 VE 方式　172, 177
入札ボンド　172
ネットワーク　15, 22
年千人率　47

は 行

バイアス　165
廃棄物処理法　139
ハインリッヒの法則　55
バージン・バイアス　166
バーチャート　16, 21
発注者　3
バナナ曲線　24
パレート図　34
判定方法　32
比較表　79
ヒストグラム　35
ヒヤリ・ハット活動　55
ヒューマンエラー　53
評価値　192
標準型　190
標準原価計算　106
品確法　186
品質管理　30
品質管理記録表　63, 88
品質管理計画表　63, 88

品質規定方式　32
品質マネジメントシステム　64
フィージビリティ・スタディ　187
フェールセーフ　59
フェールソフト　60
ブルーエンジェルマーク　135
プレッジ＆レビュー　131
プロポーザル方式　177
ベテラン・バイアス　166
変動費　94
変動比率　112
方法書　137
法令遵守　174

ま 行

マテリアルフロー　133
マトリックス・データ解析図　39
マトリックス図　36
マトリックス組織　153
マニフェスト　140
マネジメントシステム　30
マネジメントレビュー　66
見積書　100
メンテナンス　154
元請会社　3
元方事業者　50
モニタリング　137

や 行

ユニットプライス型積算方式　100

与信枠　172

ら 行

ライフサイクルコスト　178
楽観主義バイアス　165
利益　92
履行補償ボンド　172
リサイクルの促進　9
リスク　1, 116
リスク解析　119
リスクコミュニケーション　165
リスク対応方針　118
リスク対策　119
リスクの移転　121
リスクの回避　121
リスクの低減　121
リスクの保有　121
リスク把握　118
リスク評価　119
リスクマネジメント　118
リーダー　154
レビュー　67
連関図　36
労働安全衛生法　49
労働安全衛生マネジメントシステム　58
労働関係調整法　155
労働基準法　155
労働協約　155
労働組合法　155
労働災害　46
労働損失日数　48
労務費　93

著者略歴

金子　研一（かねこ・けんいち）

　1974年　北海道大学工学部資源開発工学科卒業
　1974年　大成建設株式会社
　1997年　博士（工学）（北海道大学）
　2006年　福島工業高等専門学校建設環境工学科教授
　2013年　岩手県沿岸広域振興局
　2017年　IHI建材工業株式会社
　2020年　IHI建材工業株式会社退職
　　　　　現在に至る
　　　　　技術士（総合監理部門，建設部門）
　　　　　土木学会特別上級技術者（施工・マネジメント）

印刷・製本　大日本印刷株式会社

入社5年目までに身につけたい
建設エンジニアの仕事術　　　　　　　　　　©金子研一　2009
2009年 2 月28日　第1版第1刷発行　　【本書の無断転載を禁ず】
2025年 3 月10日　第1版第5刷発行

著　者　金子研一
発行者　森北博巳
発行所　森北出版株式会社
　　　　東京都千代田区富士見1-4-11（〒102-0071）
　　　　電話 03-3265-8341／FAX 03-3264-8709
　　　　https://www.morikita.co.jp/
　　　　日本書籍出版協会・自然科学書協会　会員
　　　　JCOPY ＜(一社)出版者著作権管理機構　委託出版物＞

落丁・乱丁本はお取替えいたします
Printed in Japan／ISBN978-4-627-87141-0